생물학 오디세이

생물학 오디세이

| 김환규 | 지음

전북대학교출판문화원

머리말

생물학은 농업의 시작과 연관된 역사를 가진 과학이며, 그보다 더 이른 시기에는 '이것을 먹어도 안전할까'하는 먹거리에 대한 탐색 시기부터 존재하였다. 생물학은 실험적이고 기술적인 과학이다. 생물학의 발달과정에서 획기적인 사건은 새로운 도구의 개발과 기술의 발달인데, 그 중 중요한 것이 현미경의 발명이었다. 현미경의 출현으로 세포 및 미생물학적 연구가 가능해져 아리스토텔레스의 '생명의 사다리' 개념과 '자연발생설'이 자취를 감추게 되었다.

현대 생물학의 발달에 기여한 결정적인 사건은, 1828년에 뵐러가 실험실에서 요소를 인공적으로 합성하여 기계론과 생기론 사이의 논쟁을 촉발시킨 것과 1866년에 멘델의 유전학설이 발표된 것이다. 비슷한 시기에 다윈과 월리스는 자연선택을 통한 종의 변화이론을 발표하였다. 1953년에 왓슨과 크릭에 의한 DNA 이중나선 구조의 발견으로, 유전물질의 복제 기작을 분자 수준에서 이해할 수 있게 되었다. DNA 이중나선 구조의 발견은 엄청난 응용 때문에 생물학과 다른 사회영역에 혁명적인 변화를 일으켰다.

환원주의 생물학자는 생물체의 구성성분을 동정하고 그 구성성분의 동태를 탐구하고, 시스템 생물학자는 생물체의 작동 기작을 모든 연관된 차원에서 이해하고자 한다. 21세기의 생물학은 다양한 지적 주제들을 통합시키고 있는데, 주된 통합은 환원주의와 시스템적 접근의 통합이다. 생물학과 전산의 통합은 실험적 도구를 제공할 뿐만 아니라 시뮬레이션, 데이터 마이닝과 마이크로어레이 같은 다양한 시스템 생물학적 연구가 가능하여, 검증해야 하는 가설 생성의 기초가 되기도 한다. 엄청난 양의 생물학 데이터의 이용 가능성은 특정 유전체상의 모든 유전자의 행동을 조사하거나 한 세포 유형에서 생성되는 모든 단백질을 조사하거나 또는 특정한 환경 조건에서 생성되는 모든 대사체를 조사하여 생물학적 의문에 답할 수 있게 되었다.

각 세기는 특정 과학과 기술의 발전으로 대표할 수 있다. 19세기가 공학의 시대라면 20세기는 화학과 물리학의 시대였다. 21세기는 생물학의 시대로 생물학은 생명현상의 이해 및 이를 통해 인류가 당면한 문제해결에 핵심적인 역할을 수행하고 있다. 여기에 실은 글들은 생물학의 기원에서부터 21세기의 발달된 생물학까지를 몇 가지 사례를 들어 작성한 것이다. 전반부에서는 생물학의 출현에서부터 진화론과 DNA 이중나선 구조 발견, 4차 산업혁명과 생물학의 역할 등을 다루었고 후반부에서는 인류의 삶 속에서 생물학의 위치에 대한 내용을 다루었다.

본서로 현대의 과학기술 시대의 인간의 위상 등을 소개하고, 이를 통해 과학기술이 '어떤 종류의 세계를 만들어야 하는가'에 대한 설명에 도움이 되고자 한다.

김 환 규

차 례

Ⅱ. 생물학과 인류

I. 생물학 오디세이

01 생물학

초기의 인류는 생존을 위해 식물과 동물에 대한 지식을 전승해야만 했을 것이다. 여기에는 인간과 동물의 해부 그리고 이주 유형 같은 동물의 행동에 대한 지식이 포함된다. 생물학적 지식의 최초의 변환점은 약 만 년 전의 농업혁명에서 시작되었을 것이다. 최초로 정착한 인류는 식물을 재배하였고, 가축을 길러 정주(定州) 사회를 유지할 수 있게 되었다. 메소포타미아, 이집트, 인도 대륙과 중국 및 기타 국가의 고대문화는 저명한 외과의사와 독자적인 자연철학의 여러 다양한 분야를 반영하는 수슈르따(Susruta)와 장자 같은 자연과학자들을 배출하였다. 그러나 현대 생물학의 뿌리는 대개 고대 그리스 철학의 세속적인 전통에서 그 자취를 찾을 수 있다. 고대 메소포타미아인들은 자연 세계에 대해서는 관심이 적었으며, 오히려 신이 어떻게 우주를 지배하고 있는가에 대해 연구하는 것을 선호하였다. 동물 생리학은 예측을 위해 연구되었는데, 특히 간의 해부는 장복의 가장 중요한 기관이었다. 동물의 행동 역시 예측 목적으로 연구되었다. 동물을 훈련하고 길들이는데 필요한 대부분의 정보는 구전으로 전해졌으나 말의 훈련에 관한 한 기록서가 남아 있기도 하다. 메소포타미아인들은 합리적인 과학과 마법(魔法)을 구별하지 못했다. 사람이 아프면, 의사들은 마법적인 절차을 암송하고, 의학적 처치 두 가지를 모두 시행하였다. 메소포타미아인들은 또한 질병의 확산을 차단하기 위한 예방조치를 취했다.

고대 중국에서 생물학적 주제는, 본초학자, 의사, 연금술사와 철학자를 포함한 여러 다양한 연구 분야에서 발견된다. 예를 들어, 중국 연금술의 노장 전통은 건강을 강조하였다는 측면에서 생명과학의 일부로 여겨진다. 전통적인 중국의학 시스템은 음양 이론과 5단계 이론을 포함한다. 장자 같은 철학자는 생물학적 종(種)의 고정을 부정하거나 생물 종들이 서로 다른 환경에 반응하여 변화된다는 진화와 관련된 사상을 표출하였다.

'생물학'(biology)이란 단어는 '생명'을 뜻하는 'bios'와 학문을 뜻하는 'logy'의 합성어이다. 현대적 의미의 '생물학'이란 용어는 1799년에 <베도스>(Thomas Beddoes), 1800년에 <부르다흐>(Karl Friedrich Burdach), 1802년에 <트레비라누스>(Gottfried Reinhold Treviranus)와 <라마르크>(Jean-Baptiste Lamarck에 의해 독자적으로 사용되기 시작하였다.

생물학이란 용어 이전에 동물과 식물을 연구하는데 여러 다양한 용어가 사용되었다. 자연사(natural history)는 중세에서부터 르네상스에 이르기까지 광물학과 또 다른 비생물적 영역까지를 포함하여 생물학의 여러 영역을 기재하는 분야였다. 자연철학과 자연신학은 식물과 동물의 개념적 그리고 형이상학적인 기초를 포함하여, 생명체가 왜 존재하고, 왜 그렇게 행동하는가를 다뤘다. 생리학과 약물학은 의학의 영역이었다. 18세기와 19세기에 이르러 식물학, 동물학과 지질학은 자연사와 자연철학을 대체하였다. 오늘날에도 동물학과 식물학이란 용어는 널리 사용되고 있으나, 엄밀하게는 생물학의 아래 분과로 편입되었다.

생물학은 살아있는 생명체와 그들의 생명현상 유지 과정에 대한 연구 분야이다. 생물학은 고대의 일상생활에서부터 시작되었다. '생물학'이란 용어는 19세기에 출현하였지만, 넓은 의미의 생물학은 아유르베다, 고대 중국, 고대 이집트의 의학, 고대 그리스-로마 시대의 연구로부터 시작된 의학 및 자연사 연구로부터 출현되었다고 보는 게 타당하다.

일반적으로 생물학은 19세기 초반 및 중반에 현대 과학으로서 출현한 것으로 여겨지지만, 생물학은 다양한 전통, 의술과 고대로부터 시작된 탐구 영역에서부터 유래되었다. 의학과 자연사 연구의 두 영역이 합쳐져 현대의 생물학으로 발전하였다고 할 수 있다. 의학 전통은 고대 그리스의 개업의인 히포크라테스 같은 의사와 해부학과 생리학의 초기 이해를 증진시킨 페르가몬의 갈렌 등에까지 이른다. 자연사 연구의 전통은 <아리스토텔레스>(384–322 B.C.E.)에까지 이른다. 특히 그의 동물학사(History of Animals)와 다른 연구 업적들은 박물학자로서의 정형을 보여주었다. 아리스토텔레스의 제자인 <테오프라스토스>(d. 287 B.C.E.)의 업적도 중요한데, 그는 식물의 연구에 기여했다. 아리스토텔레스와 테오프라스토스는 각각 동물학과 식물학뿐만 아니라 비교생물학, 생태학과 분류학에도 기여했다.

중세에 자연사와 의학이 번성했어도 이 시기의 연구는 별개로 진전되었다. 의학은 이슬람 학자들에 의해 <갈렌>(Claudius Galemus)과 아리스토텔레스의 전통 위에서 연구되었으나, 자연사 분야는 아리스토텔레스 철학에 의존하여 전개되었다. 중세시대에 자연사에 가장 크게 기여한 사람은 마그누스(Albertus Magnus)로, 그는 식물학, 동물학과 철학 연구에 탁월한 업적을 남겼다. 많은 박물학자들이 동물에 대해 관심을 가져왔지만, 동물학 연구는 중세 동안 크게 발전하지 못한 채 남아 있었다. 한편, 식물학은 르네상스 및 현대에 이르러 크게 발달하였다. 식물에 대한 연구는 자연사뿐만 아니라 식물이 약물(materia medica)로 인식되었기 때문에 의학에도 중요하였다. 이러한 의학적 특성 때문에 식물원이 의학 연구의 주요 센터가 됨에 따라 의학 교수는 흔히 약물 전문가이거나 식물원의 큐레이터로 근무했다. <체살피노>(Andrea Cesalpino)와 <린네>(Carl Linnaeus) 같은 18세기의 저명한 학자들은 분류학에 끼친 혁명적인 업적 때문에 현대 식물학의 아버지라 불리는 동시에 의사였다. 분류학에 대한 흥미와 수요, 그리고 자연사에 대한 미증유의 발달은 15세기 후반부터의 식민지 개척과 관련된 탐험의 항해 때문이기도 했다. 자연 원자재를 채취하기 위한 탐험가 또는 여행가들이 수집한 표본을 분류하기 위해 자연사 가든과 박물관이 식민지 정복 국가들의 마드리드, 파리 그리고 런던에 세워졌다.

식물학과 의학이 밀접하게 관련이 있는 것처럼 해부학과 생리학도 밀접하게 연관되어 있다. 갈렌 이후 해부학 역사에서 다음의 큰 그림은 벨지움의 <바셀리우스>(Andreas Vesalius)였다. 갈렌 같이 돼지나 바바리 원숭이 같은 동물의 해부에 의존했던 많은 해부학자들과 달리 베살리우스는 인간의 사체에 대한 세밀한 해부를 통해 인체에 대한 지식을 축적하였다. 해부학의 발달은 기관 각 부분에 대한 관심을 불러 일으켰다. 17세기에 생리학은 살아있는 생명체가 어떻게 기능을 발휘하는가를 다루는 과학이었다. 이 시대의 주요 동물 생리학자는 <하비>(William Harvey)였다. 하비는 체내의 혈액순환을 밝히고자 여러 동물에 대한 해부와 생체 해부를 수행하였다. 하비는 여러 다양한 동물계를 대상으로 연구를 진행하였기 때문에 그의 업적은 의학뿐만 아니라 비교생리학 및 비교생물학에도 영향을 미쳤다. 그의 실험 결과를 담은 '생물의 심장과 혈액의 움직임에 관한 해부학적 논쟁(1628)'은 가설의 검증과 실험 방법의 최초의 증명이었다. 하비가 심장의 박동원리와 펌프 사이의 유사성을 언급한 적은 있지만 그는 신체가 기계적 원리에 전적으로 복종한다는 개념에 대해 저항하였다. 동물 신체의 기능에 대해 기계설을 가지고 있던 동시대 사람인 <데카르트>(René Descartes)와 달리, 하비는 물질에 생명을 불어넣는 생명과정에 필요한 일종의 비기계적인 특별한 힘이 존재한다는 생기론적 견해를 유지하였다.

우주와 우주의 구성성분은 기계적 원리를 따른다는 신념인 기계철학은 논리적인 관찰 및 새로운 과학적 방법을 통해 이해될 수 있었으며, 이러한 방법이 생물학사로 이어졌다. 이것은 생명체는 기계적 원리에 복속된다는 개념과 비기계적인 '생기론적' 원리 사이에 활발한 토론을 일으켰으며, 논쟁은 20세기 중반까지 생물학사에서 끊임없이 이어졌다.

르네상스 시대 동안, 기계철학은 해부학 및 철학에서 일부 옹호자들이 존재하였는데, 가장 두드러진 인물은 <보렐리>(Giovanni Borelli)로 그는 인체에서 근육의 작용을 레버와 도르래라는 용어로 이해하려고 했다. 일부 초기 발생학자들은 기계적 원리에 따르는 발생에 대한 신념을 신봉하였다. 이것은 전성설 또는 내포설이라 알려졌는데, 전적으로 완벽한 성숙한 생명체라 여겨진 최소화된 성숙한 성체형 또는 호뮨클러스가 존재한다는 이론이다. 이러한 견해를 옹호한 주된 연구자에는 <말피기>(Marcello Malpighi)와 <스왐메르담>(Jan Swammerdam)이 있다. 이들은, 초기에는 미분화된 물질로부터 수정 이후 발생과정을 거쳐 후성적으로 분화경로가 결정된다는 아리스토텔레스부터 그의 계승자들에게까지 이어지는 '후성설'의 대척점에서 있다.

17세기와 18세기에 발생학 이론은 자연발생설을 따르는 생명의 기원에 대한 이론과 유성생식이 덧붙여졌다. 이 시기의 논쟁은 무생물적 재료로부터 생명체가 자연적으로 생성된다는 자연발생설에 대한 것으로 넘쳐났다. 개울의 진흙, 유기 퇴적물 또는 썩은 고기로부터 생명체가 유래한다는 통속적인 신념은 고대의 많은 학자들의 생각이었다. 1651년에 출판된 <동물의 발생>(Exercitationes de Generatione Animalium)에 실린 생식에 대한 하비의 연구는 자연발생에 대한 의심을 가지고 시작하였다. 하비는, 모든 생물은 성적으로 발생된다고 믿었다. 1668년에 이탈리아의 의사인 <레디>(Francesco Redi)는 자연발생설을 부정하는 유명한 실험을 행하였다. 그는 부패한 고기를 조심스럽게 덮어 파리의 접근을 차단한 실험을 통해 구더기가 자연적으로 발생하지 않는다는 것을 밝혔다. 1768년에, 이탈리아의 생리학자인 <스팔란차니>(Lazzaro Spallanzani)는 자연발생설을 부정하는 추가적인 실험을 행하였으며, 후에 난자와 정자의 생식적 기능에 대해 설명하였다. 자연발생설을 부정하는 이런 실험적 증거의 축적에도 불구하고, 자연발생설 신념을 부추기는 새로운 전개들이 지속되었다. 1740년에 <보네>(Charles Bonnet)는 진딧물에서 처녀생식을 관찰하였으며, 1748년에 <니담>(John Turberville Needham)은 국물을 밀봉한 플라스크에서 미생물이 자연발생한다는 증거를 제시하기도 하였다. 결론적으로, 미생물의 발견으로 살아있는 생명체는 연못 같은 자연 환경으로부터 자연적으로 발생한다는 생각을 지지하였다. 그러나, 자연발생설에 대한 신념은 1860년에 <파스퇴르>(Louis Pasteur)가 행한 학 목 모양의 플라스크 실험을 통해 완전히 부정되었다.

생물학의 기원에서 또 다른 엄청난 발달은 새로운 도구 및 기술 발달의 결과로써 그 중 가장 중요한 것이 현미경이었다. 영국의 <후크>(Robert

Hooke)와 네델란드의 <리이벤후크>(Antony Van Leeuwenhoek)에 의해 독자적으로 개발된 현미경은 이전에는 볼 수 없었던, 전혀 상상할 수 없었던 생명체의 우주를 보여주었다. 후크는 1665년에 펴낸 저서 <작은 도면들>(Micrographia)에서 반복적인 단위체를 <세포>라 명명하였다. 리이벤후크는 극미동물(animalcules)이라 칭한 여러 다양한 운동성 생명체를 관찰하였다. 현미경을 통해 세포학적 그리고 미생물학적 설명이 가능해진 반면 '생명의 사다리' 같은 아리스토텔레스의 개념은 막을 내리게 되었다. 이것은 새롭고, 매우 작은 동물 형태는 창조의 사다리에 존재하기 어렵기 때문이다. 해부학에 현미경을 사용한 선구자는 이탈리아의 의학 교수인 <말피기>(Marcello Malphighi)였다. 그는 여러 다양한 동물의 뇌, 폐와 신장 같은 주요 기관을 최초로 연구한 그룹 중 한 사람이었다.

02 21세기의 생물학

생물학은 문명의 시작과 더불어 농업과 연관된 역사를 가진 과학이며, 그보다 더 이른 시기에는 “이것을 먹어도 안전할까”하는 먹거리에 대한 탐색 시기부터 존재하였다. 현대적 의미의 ‘생물학’이란 용어는 <베도스>(Thomas Beddoes, 1799)와 <라마르크>(Jean-Baptiste Lamarck, 1802) 등에 의해 도입되었다. 생물학은 실험적이고 기술적(記述的)인 과학이다. 생물학자들은 수학식 또는 모형화를 통하여 일반적인 원칙을 찾아내는 것이 아니라 생물을 직접 관찰하여 형질, 행동, 각 생물체 또는 집단의 변이 목록을 탐색해왔다. 생물학의 발달과정에서 획기적인 사건은 새로운 도구의 개발과 기술(技術)의 발달인데, 그 중 중요한 것이 현미경의 발명이었다. 현미경의 출현으로 세포학 및 미생물학적 연구가 가능해져 아리스토텔레스의 ’생명의 사다리‘ 개념과 ‘자연발생설’이 자취를 감추게 되었다.

현대 생물학의 발달에 기여한 결정적인 사건은, 1828년에 <뵐러>(Friedrich Wöhler, 1800~1882)가 실험실에서 유기화합물인 요소를 인공적으로 합성하여 기계론과 생기론 사이의 논쟁을 촉발시킨 것과, 1866년에 <멘델>(Gregor Mendel)의 유전학설이 발표된 것이다. 비슷한 시기에 <다윈>(Charles Darwin)과 <월리스>(Alfred R. Wallace)는 독자적으로 공식화한 자연선택을 통한 종의 변화이론을 발표하였다. 이후 19세기 후반에 염색체 구조가 관찰되었으며, 세포의 생식도 유사분열과 감수분열이란 용어로 이해하게 되었다.

<서턴>(Walter Sutton)과 <보베리>(Theodor Boveri)가 제안한 유전의 ‘염색체설’은 멘델 유전학과 염색체의 미세구조 및 행동에 대한 지식을 통합시켜 염색체가 유전물질 전달자라는 것을 인식하게 되었다. 20세기 초반

에 <베이트슨>(William Bateson)은 '유전학'이란 생물학 분과명을 사용하였으며, 자연 세계에서 작동되는 멘델의 원리들을 검증하고자 하였다. 이 시기의 또 다른 중요한 생물학자는 <모간>(Thomas H. Morgan)으로, 그는 여러 형태의 초파리 돌연변이 연구를 통해 수많은 형질의 전달에 대한 이해의 폭을 넓혔다. 1930~1950년 사이의 생물학자들은 계통분류학, 식물학, 고생물학 같은 전통적인 분야의 연구와 멘델 유전학으로부터의 형질유전에 대한 지식을 통합하여 자연선택 기작을 이해하고자 노력하였다. 다윈의 선택이론과 멘델 유전학의 통합인 '진화종합'은 20세기 생물학사에서 주된 사건으로 인식되고 있다. 1930년대에는 전자현미경 같은 새로운 기술 및 기존 기술의 발달과 함께 생화학과 분자생물학이 영향력을 얻게 되었다. 이들 과학의 환원주의적이고 기계적인 접근은 생물의 본질에 대한 지식의 폭을 크게 확대시켰다.

1953년에 <프랭클린>(Rosalind Franklin), <윌킨스>(Maurice Wilkins), <왓슨>(James D. Watson)과 <크릭>(Francis Crick)에 의한 DNA 구조의 규명으로, 유전물질의 복제 기작을 분자 수준에서 이해할 수 있게 되었다. DNA 구조의 발견은 자연법칙을 밝혔다는 차원뿐만 아니라 이 지식의 엄청난 응용 때문에 생물학에 혁명을 일으켰다. 또한 동일 연도에 시카고 대학의 <밀러>(Stanley Miller)와 <유리>(Harold C. Urey)는 초기 지구의 대기 조건에서 생명의 기원을 찾는 실험을 수행하였다. 그들의 실험은 생명체의 기본 구성 소단위들이 초기 지구의 대기 조건에서 만들어진다는 증거를 제시하였다.

생물학자는 생물을 대상으로 거대 분자에서부터 유전자, 세포, 조직, 기관과 생물체 및 개체군, 군집에 이르는 다양한 차원에서 연구를 진행한다. 세포에서는 종종 단일 유전자가 여러 단백질을 생성하며, 생물학적 기능은 수많은 생물학적 구성성분 사이의 상호작용에 의존한다. 외부로부터의 화학적 및 생물학적 신호에 반응한 세포의 물질대사, 성장과 세포분열 주기와 같은 모든 기능들은 상호작용하는 분자들의 정교한 그물망에 의해 수행되고 조절되며, 단백질과 유전체의 다른 산물들은 조절 그물에서 DNA와 상호작용한다. 생물학은 의학과 건강 관련 분야, 약학, 농학, 임학과 해양학 등을 포괄한다. 현대 사회의 많은 문제가 생물학적 현상 또는 지식과 연관되어 있으며, 그 예는 줄기세포, 유전자변형생물, DNA 핑거프린팅 등 다양하다.

21세기의 생물학은 다양한 지적 주제들을 통합시키고 있다. 주된 통합은 환원주의와 시스템적 접근의 통합이다. 환원주의자는 생물체의 구성성분을 동정하고, 그 구성성분의 동태를 이해하려고 한다. 시스템 생물학자는 생물체의 작동 기작을 모든 연관된 차원에서 이해하고자 한다. 또한 21세기 생물학은 전산과 연관된 경험적 연구를 바탕으로 하고 있다. 유전체의 염기서열을 분석하는 것은 살아있는 세포에 대한 '부분적인 리스트'를 확보하는 과정이다. 생물학과 전산의 통합은 실험적 연구를 보조하는 도구를 제공할 뿐만 아니라 시뮬레이션, 데이터 마이닝과 마이크로어레이 분석 같은 기법을 이용한 많은 시스템 생물학적 연구가 가능하여, 검증해야 하는 가설 생성의 기초가 되기도 한다.

21세기 생물학은 발견과학 영역을 포함한다. 발견과학의 예로, 각 세포 유형에 따른 전사체 및 단백질체를 결정하는 분야를 들 수 있다. 이러한 연구를 통해, 구성 단위체 정보를 확인하거나, 가설이 만들어진 가공되지 않은 자료, 은유적으로 표현하면 가설을 나타내는 생물학적 '언어'를 이해할 수 있다. 인간의 게놈 프로젝트는 그 규모와 의도에 있어서 미증유의 시도였지만, 생물학적 데이터의 세밀한 기술(記述)과 목록 작성 등의 차원에서 본다면 전통적인 생물학 분야의 일부라 할 수 있다. 엄청난 양의 생물학 데이터의 이용 가능성은 세계적 차원에서, 특정 유전체상의 모든 유전자의 행동을 조사하거나 한 세포 유형에서 생성되는 모든 단백질을 조사하거나 또는 특정한 환경 조건에서 생성되는 모든 물질대사체를 조사하여 생물학적 의문에 답할 것이다.

생물학자들은 고도의 다변량적, 고해상 영상과 복잡하고 동적인 과정의 시계열 데이터를 포함한 큰 비환원적 자료들을 접하고 있다. 21세기 생물학은 자료 관리 차원을 넘어 여러 유전체 요소 사이의 상호연결을 이해하고 유전자, 단백질, 그리고 그들의 상호작용을 밝히는데 전산과 정보기술이 핵심적인 역할을 하고 있다. 전산 모델은 관찰 및 실험 데이터가 융합되어 보다 강력하고, 정량적이며, 시험 가능한 가설 설정이 가능한 구조적 틀을 제공할 것이다. 궁극적으로 미적분이 물리학의 언어라면, 전산과 정보과학은 21세기 생물학의 언어이다.

21세기 생물학은 각 연구자들에 의해 진행되는 실험실 연구에서부터 엄청난 양의 1차 데이터를 생성해내는 인간 게놈 스케일의 프로젝트까지를 포괄하는 넓은 범위의 연구가 요구된다. 이것은 수많은 공동연구자들에 의한 분석적 또는 합성적 연구를 포함하는 중간과학 또는 양적 생물학의 출현을 의미한다. 이러한 연구 전략은 발견과학과 분석적 연구를 포함하여 전통적인 것을 대체하는 것이 아니라 보완하는 것이다. 생명의 기원, 진화 이야기, 뇌의 구조, 생태학 분과 역시 21세기 생물학에서도 주요 연구 영역으로 자리 잡고 있다.

각 세기는 특정 과학과 기술의 발전으로 대표할 수 있다. 19세기가 공학의 시대라면 20세기는 화학과 물리학의 시대였다. 21세기는 생물학의 시대로 생물학은 생명현상의 이해 및 이를 통해 많은 문제에 대처하는 핵심역할을 수행하고 있다. 생물학 연구를 통해 암이나, 알츠하이머 또는 다른 질환이 발생할 가능성, 또는 특정 질환의 치료 시 부작용이 일어날 가능성이 있는 개인들을 진단할 수 있을 것이다. 또한 의료분야에서의 나노기술의 발달, 생물공학 기술의 발달에 따른 형질이 우수한 작물의 개발, 3세대 및 4세대 바이오 연료의 생산 등 인류에게 희망적인 분야가 상당하다. 그러나 유전자변형생물의 생태계 교란 가능성 또는 개인 유전정보의 공개로 인한 인권의 침해 등 대중이 받아들이기 어려운 부분도 동시에 존재할 것이다.

03 변신과 변태

<오비디우스>(Publius Ovidius Naso)가 펴낸 <변신 이야기> (Metamorphoses)는 고대 그리스 신화에 바탕을 둔 서사시이다. <변신 이야기>은 총 15권으로 이루어져 있으며 천지 창조에서부터 율리우스 카이사르까지의 연대기(年代記)로 250편 이상의 신화를 담고 있다. 그리스 신화에는 신, 인간과 동물의 변신에 대한 이야기가 넘쳐난다. 신은 그들 자신, 그리고 사람과 동물을 다른 형태로 바꿀 수 있는 능력을 갖고 있다. 신들의 제왕인 제우스는 자신의 정욕을 채우기 위해 동물의 모습을 취하곤 했다. 헤라를 범할 때는 뻐꾸기로, 레다를 범할 때는 백조로, 에우로파를 범할 때는 황소로 변신했다. 다프네는 월계수로, 나르키소스와 히아킨토스는 수선화와 히아신스로 변신했다. 인간이 강, 별자리와 비둘기로 변하고 개미와 버섯이 인간으로 변하는 등 변신의 유형은 매우 다양하다.

인간은 항상 변신을 꿈꾼다. <프란츠 카프카>의 <변신>은 거대한 벌레로 변해버린 한 남성과 그를 둘러싼 가족의 소동을 묘사한 소설이다. 동양에서도 장주지몽(莊周之夢)이 있으며, 강제된 비극으로 태평양 전쟁 당시 일본의 소년 비행사들은 가미가제를 통해 신사(神社)의 신이 되기도 하였다.

<변신>은 생물학적으로 설명이 가능한 부분이 존재한다. 테스토스테론은 남성화 호르몬의 하나로 부정소, 정낭 및 정관 같은 남성 생식기관의 발달을 촉진한다. 그러나 요도, 전립샘, 음경과 음낭의 형성은 테스토스테론에서 유도된 DHT라는 호르몬에 의해 촉진된다. DHT가 결여되거나 돌연변이가 생긴 XY 염색체를 가진 어린이는 정상적인 정소와 함께 질과 음핵을 같이 가지고 있어 외관상으로 여자 아이로 보인다. 하지만 이 아이의 몸속은 해부학적으로 남성이며 사춘기가 되면 정소에서 충분한 양의 테스토스테론이 분

비되어 외부 생식기가 발달하게 된다. 그 결과 음경이 커지고 음낭은 밖으로 노출되어 이전까지의 여자 아이가 갑자기 청년으로 바뀌게 된다.

<변태>(metamorphosis)란 곤충과 양서류 등의 발생과정에서 볼 수 있는 변형을 설명하는 비유로 그리스 신화의 <변신>에서 차용한 용어이다. <변태>는 유생시기에서 성체시기로 이행하는 단계를 말하며, 몸 구조의 많은 부분이 바뀌어 유생과 성체를 동일한 개체로 인식하기 어려운 종이 많다. 올챙이에서 개구리로의 변태는 생물계에서 일어나는 놀라운 변신 중 하나로 개구리의 거의 모든 기관이 변형되어 올챙이와는 전혀 다른 모습으로 바뀌게 된다. 성체의 이동에 필요한 앞다리가 생겨나고, 올챙이의 꼬리지느러미는 퇴화한다. 연못의 풀을 뜯는데 사용한 이빨이 사라지고 새로운 형태의 입과 턱이 만들어지며 곤충을 포획하는데 사용하는 혀 근육이 발달한다. 동시에 초식에 적합한 올챙이의 긴 창자는 짧아져 개구리의 동물성 먹이에 적합해진다.

<변태>를 행하는 생물들은 자원을 효과적으로 배분할 수 있다. 곤충의 애벌레와 성체는 전혀 다른 먹이와 환경을 필요로 한다. 애벌레는 성장과 에너지 소비가 절대적인 단계이며 성체는 번식에 초점이 맞추어져 있다. 누에나방의 성충은 전혀 먹지 않고 알을 낳은 짧은 번식행동만 행하다 죽기 때문에 입이 필요 없다. 따라서 변태를 행하는 생물들은 자원을 보다 효율적으로 사용할 수 있고 결과적으로 생존의 기회가 더욱 증대된다.

<변절>은 특정 종교의 포기 또는 어떤 개인이 갖고 있던 이전의 신념에 반하는 행동을 지칭한다. 변절은 부정적인 의미를 갖고 있기 때문에 변절자들 자신이 표현하는 일반적인 <자가-정의>는 아니다. 일제 강점기 때 친일작가 이광수가 본인의 처지를 변명하고 좌익진영을 폄훼한 <혁명가의 아내>라는 소설을 출간하자 민촌 이기영은 <변절자의 아내>라는 소설로 이광수를 조롱하기도 하였다.

변신, 변태와 변절, 이 모두는 최상의 적응과 생존을 위한 변화를 추구한다. 적응은 개체한테 이로운 특징이 진화하는 과정과 특징 그 자체 모두를 의미한다. 번데기는 단단한 껍질로 보호를 받기 때문에 겨울을 견뎌낼 수 있다. 제비꼬리 나비는 여름에는 먹이에 굶주린 유충이지만 번데기로 겨울

을 난 다음, 봄에 성체로 날아다니게 된다. 대부분의 번데기는 먹지 않기 때문에 먹이를 찾기 어려운 겨울을 효과적으로 견뎌낼 수 있다. 모기의 애벌레는 물에 살지만 성체는 식사거리인 혈액을 찾아 비행하게 된다. 인간이 곤충과 같은 변태 능력을 갖고 있다면 물고기처럼 수영할 수 있고 새처럼 창공을 날을 수 있으며 자원도 효과적으로 배분할 수 있을 것이다.

04 거짓말의 본질

인간은 일생 생활에서 얼마나 많은 거짓말을 할까? 거짓말을 하거나 진실을 말할 때도 지능이 필요한가? "할머니, 이렇게 정정하시니 백세까지 사시겠어요". "당신이 만든 매운탕은 정말 맛있다" 등의 백색 거짓말은 해를 끼치지 않고 인간관계를 원활하게 한다. 우리는 이런 얘기를 거짓말이라 느끼며 생활하지는 않는다. 이처럼 인간은 백색 거짓말에서부터 선거공약에 이르기까지 수많은 거짓말 속에 파묻혀 살고 있다.

거짓말을 하는 것은 뇌의 작용 결과이다. 연구 결과, 전전두엽 피질이 거짓 또는 참을 말해야 할지를 결정하는데 중요한 역할을 한다는 것이 밝혀졌다. 뇌-영상을 통한 연구 결과, 이 부위는 거짓말을 하거나 진실을 말하는 결정을 내리는데 관여한다. 전전두엽 부위가 손상을 입으면 거짓말을 할 수 없다. 전전두엽 피질을 전기적으로 자극하면 남을 속이는 능력이 향상된다는 연구결과가 있다.

거짓말을 하려고 하면 기절하거나 경련을 일으키는 사람들이 있다. 이런 사람은 거짓말을 할 때마다 코가 길어지는 <피노키오형 인간>이다. 프랑스 <스트라스부르> 대학병원의 한 의사는 전전두엽 부위에 호두 크기의 종양을 가진 사람을 관찰한 바 있다. 이 종양은 감정과 연관된 전전두엽 부위의 활성을 증가시켰다. 이 환자가 거짓말을 하면, 전전두엽 부위의 활성증가로 인하여 경련이 일어났고, 종양을 제거하자 환자는 경련이 사라졌으며 정상적인 생활을 할 수 있었다.

거짓말은 인간 행동의 주된 목록 중 하나이다. <파킨슨병>이나 전전두엽 부위가 손상을 입은 사람들처럼 항상 진실만을 말한다면, 그들은 분별없고 자신에게 해로운 결정을 내리게 된다. 물론 거짓말이 인간 사회에서 필수적이란 말에 모두가 동의하지는 않는다. 우리는 어렸을 때부터 거짓말을 해서는 안 된다고 배워왔다. 십계명에는 이웃에게 불리한 거짓 증언을 해서는 안 된다는 가르침이 있다. 이슬람교와 불교에서도 거짓을 행해서는 안 된다고 가르친다. 18세기의 철학자인 <임마누엘 칸트>는 거짓이 "인간 본성의 과격한 선천적 악마"라 했으며, 그것이 설사 생사의 문제라 하더라도 피해야 한다고 했다.

자연계에서 인간만 거짓과 기만을 행하는 것은 아니다. 여러 종류의 속임수와 사기가 고등 동물, 특히 영장류에서 관찰된다. 동물 세계에서의 기만은 한 동물로부터 다른 동물로의 의도적 정보의 전달을 말한다. 동물의 기만이 반드시 의식적 행동을 의미하는 것은 아니다. 의태와 위장은 그들 자신을 다르게 보이게 한다. 포식자가 싫어하는 <베이츠 의태>의 경우, 무해한 동물이 맛없게 보이거나 또는 독이 있는 것처럼 보이게 한다.

어린이는 거짓말부터 배운다. 어린이들은 어렸을 때부터 이야기 만들기를 좋아하는데, 최초의 의도적 거짓말은 대개 4~5세 때부터 나타난다. 어린이들이 거짓말쟁이로서 그들의 인생사를 펼쳐가려면 먼저 중요한 인지기술을 습득해야 한다. 그것은 사회적 규범을 인식하고 규범을 어겼을 때 무슨 일이 일어나는가를 이해하는 능력인 의무추론을 습득하는 것이다. 어린이들이 거짓말을 한다는 것은 이런 인지기술을 습득했다는 징후이다.

사람들은 하루 종일 자신을 속인다. 사람들은 남을 속이기 위해 스스로를 속인다. 자신은 친구들보다 더 똑똑하다고 스스로에게 얘기한다. 내가 후원하는 정당은 오류가 없고, 나 자신도 동료와 집단을 위해 헌신하느라 무척 바쁘다고 스스로에게 얘기한다. 이런 차원에서 <~빠>가 등장하게 된다. 인간은 남을 속이기 위해 자신을 속여 사회적 이익을 만들어낸다. 가장 일반적인 유형은 자기 기만(欺瞞)을 통한 자기 고양(高揚)이다. <트리버스>(Robert Trivers)>에 따르면 인간은 스스로 편안해지기 위해 자신의 자질을 과대평가하도록 진화되어 왔다.

05 이중나선과 생명과학

<멘델>(Gregor Mendel)은 1865년에 <잡종식물의 연구>란 저서를 통해 유전 가능한 형질의 존재를 제시하였으며, 1874년에 화학자인 <미셔>(Friedrich Miescher)는 핵산의 존재를 최초로 밝혔다. 이후 염색체 상에 유전자가 있다는 염색체설이 제시되었고 1910년에 <모간>(Thomas H. Morgan)은 연관군과 염색체와의 관계를 밝혔다. 이후 단백질과 핵산 중 무엇이 유전물질인가를 두고 수많은 주장과 실험이 진행되었다.

1946년에 물리학자인 <슈레딩거>(Erwin Schrödinger)는 "유전자가 살아있는 세포의 핵심 구성성분이며, 따라서 생명이 무엇인가를 이해하기 위해서는 유전자가 어떻게 작용하는가를 알아야만 한다"고 말하였다. 세균학자인 <에이버리>(Oswald T. Avery)는 정제한 DNA 분자에 의해 유전 가능한 형질이 한 세균으로부터 다른 세균으로 전달된다는 것을 실험적으로 증명하였다.

1950년에 <샤가프>(Ewin Chargaff)는 각 생물종이 갖고 있는 디옥시뉴클레오타이드의 염기 조성을 연구한 결과, 아데닌(A)의 양은 티민(T)의 양과 같고, 구아닌(G)의 양은 시토신(C)의 양과 같다는 사실을 발견하였다. 또한 <윌킨스>(Maurice Wilkins)와 <프랭클린>(Rosalind Franklin)은 X-레이 회절실험을 통해 DNA를 촬영하였으며, 유사한 방법으로 <페루츠>(Max Perutz)는 알파-나선 구조를 보이는 단백질을 촬영하여 <폴링>(Linus Pauling)의 예측을 확인하였다. 폴링의 알파-나선에 대한 연구는 윌킨스로 하여금 DNA 분자 역시 나선구조일 것이라 생각하게 하였다. 이후 1952년에 <허쉬>(Alfred Hershey)와 <체이스>(Martha Chase)에 의해 DNA가 유전물질임이 최종적으로 확증되었다. 이러한 자료를 바탕으로 1953년에 <왓슨>(James Watson)과 <크릭>(Francis Crick)이 X-레이 회절실험 자료와 입체화학 법칙을 충족시키는 <이중나선 모델>을 제시하였다. 왓슨과 크릭이 탁월한 점은 여러 연구자들의 업적을 종합하여 완벽한 모델을 제시하였다는 것이다. 멘델에서부터 시작하여 DNA 이중나선 구조가 밝혀지기 전까지의 생물학 영역을 <고전 유전학>이라 하고, 그 이후의 생물학을 <현대 유전학>이라 하는데 이때부터 진정한 분자생물학이 출현하였다.

1968년에 왓슨이 집필한 <이중나선>은 DNA 이중나선 구조 발견에 대한 자서전적인 내용을 담고 있다. 1998년에 미국의 <Modern Librarys 출판사>는 20세기의 100대 명저 중 <이중나선>을 7위에 자리매김하였으며 2012년에는 의회 도서관에 의해 미국을 주조한 88권의 책 중 하나로 선정되었다.

<이중나선>은 과학책이라기보다 과학자에 대한 문학책이다. 저자는 서문에서 "이중나선에서 시작된 새로운 지식은 인류의 삶을 한 단계 진전시킨 강력한 힘이 되었다"라고 밝혔다. <이중나선>에서 그는 밝혀진 사실들뿐만 아니라 그가 인간적으로 느꼈던 것을 함께 기술하였다. 그렇게 하지 않으면 그는 '젊은이의 패기에 의해 과학적 진리가 발견되고, 그 진리가 참되고 단순할 것이라 신봉했던 도전정신을 제대로 전달하지 못할 것이다'라고 말하였다. 왓슨은 아이디어가 출현하기까지의 과정을 흥미롭게 기술하였으며 연구자들의 호기심과 경쟁심을 가감 없이 보여주었다.

<브래그>(William Bragg)는 독자들에게 <이중나선>을 관통하고 있는 3가지 주제, 즉 과학적 흥미, 연구자의 딜레마와 인간적인 면에서 책읽기를 권하고 있다. 첫째는 과학적 흥미이다. 왓슨의 DNA 구조 발견은 열정적인 과학적 흥미를 통해 수행되었으며, 엄청난 규모의 후속 연구가 진행되어 인류의 삶에 지대한 영향을 미치게 되었다. 둘째는 과학자의 딜레마로, 과학자들이 연구과정에서 다른 경쟁자들과 마주치는 곤혹스러운 상황에 관한 것이다. 한 주제에 대해 오랫동안 연구하고 있는 동료가 상당히 많은 근거를 축적하였으나 성공을 확신하기에는 결정적인 것이 부족하여 발표를 미루고 있다는 것을 알게 된 경우, 왓슨은 동료 연구자와의 공동 연구를 통하여 그 문제를 해결할 수 있다는 것을 보여주고 있다. 마지막으로 왓슨은 과학 자체뿐만 아니라 그가 만난 사람들의 개성에 대해 다루고 있다. 그런 면

에서 이 책은 역사적인 사실을 다루었다기보다 언젠가는 쓰일 역사서의 자료가 될 자서전적 내용을 담고 있다.

<이중나선>은 지난 60년 동안 과학이 어떻게 발달되어 왔는가를 보여주는 척도이다. 왓슨은 <이중나선> 모델을 발표한 후 영국을 떠나 미국으로 돌아와 칼텍과 하버드대학의 생물학 교수 및 <콜드 스프링 하버>의 연구소장직을 역임하였다. 1990년 8월에는 NIH와 DOE 공동으로 인간게놈연구프로젝트(HGP)를 주도적으로 시작하였다. 또한 왓슨은 HGP 예산의 일부를 이 프로젝트가 일으킬 수 있는 과학적 그리고 윤리적 문제에 대한 연구에 투입하도록 주도했다.

인간게놈지도가 완성됨으로써 생명현상의 이해에 필요한 지식의 축적이 가속화되고 있으며, 생물정보학, 유전체학, 단백질체학, 시스템생물학 및 합성생물학 등 새로운 학문 및 산업 분야가 열리고 있다. 이 모든 영역의 출발선이 DNA 이중나선 구조의 발견이다.

06 제너와 탁란

영국의 의사이자 박물학자인 <제너>(Edward Jenner)는 18세기 후반에 천연두 예방접종법을 확립하여 인류의 건강에 지대한 공헌을 하였으며 이러한 그의 업적을 기려 <면역학의 아버지>라 불리고 있다. 제너는 어려서부터 박물학과 의학에 관심이 많았으며, 14살 때부터 <성 조지> 병원에서 외과의사이자 박물학자인 <헌터>(John Hunter) 밑에서 외과학과 해부학을 공부하였다.

제너는 1773년에 고향으로 돌아와 개업의로 활동하면서 야생생물 및 의학 연구에 몰두하였다. 그 당시에 가장 무서운 질병은 천연두로 치사율이 33%에 이르렀으며 치료책이나 예방 방법은 전혀 없었다. 제너는 암소의 젖을 짜는 여인들이 이 질병에 거의 걸리지 않는다는 사실을 관찰하고 우두균주를 사람에게 접종시키면 천연두로부터 보호 받을 것이란 가설을 시험하였다. 1796년에 제너는 우두에 걸린 여성의 수포에서 고름을 채취하여 8세 소년의 상처 부위에 접종한 결과, 이 소년은 미열이 발생했으나 무사하였고 이후 천연두 물질을 주입해도 천연두에 내성이 있는 것으로 밝혀졌다. 이를 근거로 제너는 천연두 예방 방법을 제공하게 되었으며, 결국 1979년에 세계보건기구는 지구상에서 천연두의 박멸을 선언하기에 이르렀다.

제너는 1789년에 영국 <왕립 학회>의 회원으로 선출되었다. 그러나 그것은 천연두 예방접종에 대한 의학적 업적이 아니라 1788년에 영국 <왕립 학회>의 <Philosophical Transactions>에 발표된 뻐꾸기의 탁란(托卵)에 대한 연구 업적에 의해서였다. 제너는 또한 열렬한 화석 수집가이자 지질학자로, 1819년에 고대 파충류의 일종인 수장룡(Plesiosaur) 화석을 발견하였다. 그 당시에 화석은 멸종된 종의 잔유물이란 생각이 싹트고 있었으며 제너의

이 발견으로 화석은 <과거의 기념비>라는 인식이 확산되었다. 제너는 동물의 동면과 새의 이동에 대해서도 관심을 기울였다. 그는 영국 서부에 서식하는 일부 조류가 겨울에 그곳을 떠났다가 여름에 되돌아온다는 것을 관찰하여, 겨울에 조류가 보이지 않는 것은 조류가 진흙 속에서 잠을 잔다는 기존의 생각과 상반되는 연구 결과를 발표하였다.

탁란은 조류, 물고기, 곤충 등에서 볼 수 있는 기생의 한 형태로, 다른 종(種) 또는 동일 종의 둥지에 산란하여 숙주 종이 다른 새끼를 부양하는 것이다. 제너는 탁란을 포함한 뻐꾸기의 생활사에 대한 세심한 관찰을 수행하였다. 제너는 부화한 어린 뻐꾸기가 숙주 새의 알과 새끼들을 어떻게 둥지 밖으로 밀어내는지를 관찰하였다. 이전에는 어미 뻐꾸기가 그런 일들을 한다고 믿어왔다. 새끼 뻐꾸기가 부화되어 나오면 그 새끼 뻐꾸기는 숙주 새의 알을 둥지 밖으로 밀어내고 둥지를 독차지한다. 양부모는 그들이 괴물을 품고 있는지를 눈치 채지 못할 뿐만 아니라 새끼 뻐꾸기가 너무 커서 둥지가 맞지 않을 때까지도 힘겹게 새끼를 부양한다. 결국 뻐꾸기는 그들 자손의 양육을 전적으로 다른 종에게 의지한다.

탁란을 행하는 조류도 종에 따라 서로 다른 탁란 양상을 보여준다. 새끼 오리는 숙주 종의 알을 파괴하지도 않고 그들의 양부모를 노예처럼 부리지도 않는다. 그들에게 필요한 것은 알을 배양할 온기뿐이다. 이에 비해 새끼 꿀잡이새는 부화한 다음, 부리에 있는 특이한 갈고리를 이용해 둥지에 있는 나머지 알들을 파괴하거나 다른 종의 새끼들을 죽인다. 반면, 새끼 찌르레기는 둥지에 있는 다른 새끼들을 공격하지 않으나 먹이를 놓고 경쟁한다. 탁란은 같은 종 내에서도 일어날 수 있다. 거위와 검둥오리는 같은 종의 이웃 둥지에 산란하기도 하는데, 이런 현상은 조류에만 제한적인 것은 아니다. 어류와 곤충도 종종 자손의 양육을 남들에게 떠맡긴다. 이런 현상은 인간사에서도 흔히 볼 수 있는 모습으로 자연계에서 가장 기이하고 파괴적이며 강탈적인 행위이다.

제너가 밝힌 뻐꾸기의 탁란 행동에 대한 연구 결과는 조류의 생활사 연구자인 <블랙번>(Jemima Blackburn)이 동일한 관찰 결과를 발표하기 전까지 신뢰를 얻지 못하였다. 그녀의 관찰 결과로 찰스 다윈은 <종의 기원>의 개정판에서 제너의 탁란 연구 결과를 반영하였다. 탁란이 흥미로운 것은 선택압이 작동되는 것을 볼 수 있기 때문이다. 일반적으로 뻐꾸기의 위협이 커질수록 숙주 조류가 불청객을 식별하는 선택압이 증가하게 되고, 이것은 다시 강한 선택압으로 작용하여 뻐꾸기가 들키지 않도록 진화한다.

<애튼버러>(David Attenborough)는 그의 저서 <조류의 생애>(1998)에서 탁란의 이점을 간결하게 설명하였다. 탁란은 기생 조류에게 어린 새끼를 부양해야 하는 부담을 완화시켜 주거나 또는 어린 새끼들을 위해 둥지를 지을 필요가 없어 보다 많은 먹이를 획득하거나 보다 많은 알을 낳을 수 있게 해준다. 탁란 조류는 서로 다른 숙주 조류의 둥지에 산란하기 때문에 둥지에서의 피식 위험을 분산시킬 수 있어 결국 그들 자손의 생존 가능성을 높여준다. 산란기가 되면 탁란을 행하지 않는 새들은 3~5개를 산란하나 뻐꾸기는 평균 25개의 알을 각기 다른 둥지에 낳기 때문에 그들의 유전자가 자연계에 확산될 확률이 크게 증가된다.

07 다윈과 〈종의 기원〉

현재의 인류는 가정이나 직장에서 그리고 운송이나 통신수단 등 하루라도 과학기술의 도움 없이는 살 수 없게 되었다. 그러나 그것이 현시대의 우리는 누구이며 어디에서 왔는가에 대한 설명을 제공하지는 않는다. 19세기 초반까지 자연과학 분야에서 <종 불변성>은 주된 연구 주제였다. 많은 지질학자와 고생물학자들이 동물 및 식물 화석을 발견했으나 이들 생물체에 대한 동 시대의 생존 실물을 찾을 수 없었으며, <퀴비에>(Georges Cuvier) 같은 학자는 일부 종이 멸종됐다고 주장했다. 이러한 분위기로 인해 지구상에 남아있는 모든 생명체는 6,000년 전부터 이어져오고 있다는 신념이 더욱 확산되었다.

자연과학 분야에서 지식의 전문화는 <다윈>(Charles Darwin)으로 하여금 진화론을 정립하도록 하는 중요한 계기였다. <과학자>란 용어는 1830년대에 영국에서 자연 자체의 연구에 중점을 두고 물질 세계를 연구하는 사람들을 지칭하는데 사용되었다. 1807년에 창립된 '지질학회'와 1833년에 창립된 '런던 곤충학회'가 특정 분야의 연구자들이 한데 모여 과학계를 형성한 예이다. 이후 대학에서의 교수 수 증가와 식물원의 큐레이터 같은 연구직종의 출현은 과학적 연구가 귀족 또는 성직자의 아마추어적 영역에서 벗어나도록 했다.

현재의 일반인들의 세계관은 19세기 초반의 시대 정신과는 현저하게 다를 것이다. 이런 혁명적인 변화의 원천에 대해 많은 사상가와 과학자들이 언급된다. <뉴튼>(Isaac Newton)이나 <아인슈타인>(Albert Einstein) 같은 과학자는 <현대의 일반인> 보다는 <현대의 과학자>들에게 영향을 미쳤을 것이다. 이 한계 때문에 이들 과학자들은 일반인들의 세계관에 거의 영향을 미치지 못하였다. 다윈은 <종의 기원>에서 모든 사람들이 사실이라고 여기는 것들에 대해 극명한 대척점을 제시하였다. 이러한 이론의 수용은 사상적 혁명을 필요로 한다는 면에서 다윈만큼 일반인들의 세계관에 극적인 변화를 초래한 과학자는 없을 것이다.

다윈이 제시한 기본 원칙은 그 당시에 널리 퍼진 사상과 갈등을 빚었다. 다윈은 <종의 기원>에서 초자연적 현상과 인과 관계를 거부했다. 진화론은 생명체의 적응과 다양성을 오직 유물론으로 설명하였기 때문에, 창조자 또는 설계자로서 신은 더 이상 필요 없게 되었다. 자연신학자들이 '놀라운 설계'라 칭송한 모든 현상은 자연선택으로 설명할 수 있었다. 과학에서 신을 제외시킴으로써 모든 자연 현상에 대해 엄격한 과학적 설명이 가능한 공간과 실증주의가 생겨났다. 이것은 강력한 지적 그리고 영적 혁명을 일으켰으며 현재까지도 그 영향이 지속되고 있다. 또한 다윈은 유형학(類型學)을 반박하였다. 피타고라스 학파에서부터 플라톤까지의 시대에 세상의 다양성에 대한 일반적인 개념은 그 자체의 불변과 안정성이었다.

1859년 이전까지는 <라마르크>(Jean-Baptiste Lamarck) 등이 제시한 진화에 대한 모든 제안들이 <아리스토텔레스>(Aristotle) 이래 지속되어온 '자연의 사다리'라는 완벽을 향한 목적론적 진행인 '선형 진화'가 일반적이었다. 다윈은 종의 '비항상성'과 '분지 진화'의 개념으로 지구상의 모든 현생종을 설명하였다. 다윈은 진화가 점진적이며 불연속이 없다는 것을 인식하였으며, 진화의 기작을 <자연선택>으로 제시하였다. 그는 <린네>(Carolus Linnaeus)의 '자연에는 도약이 없다'라는 모토에 충실하였다.

다윈은 <진화 생물학>이라는 새로운 생물학 영역을 개척하였다. 다윈은 과학에 '사적 사실(史的事實)'을 도입했다. <진화 생물학>은 물리학이나 화학과 달리 '사적 사실' 과학으로, 진화 생물학자는 지난 시기의 사건을 특별한 시나리오로 재구성한다. 예를 들어 백악기 말에 일어난 공룡의 갑작스런 멸종은 치명적인 유행병, 기후의 대변화와 소행성의 충돌 등의 시나리오로 설명할 수 있다.

<인간의 유래>(The Descent of Man)에서 다윈은 모든 동물은 공통 조상을 갖고 있으며, 동물은 <성선택>을 통해 생존에 유리한 조건을 만든다고

하였다. 지구상의 생명체는 가장 단순한 생물체로부터 출현하였으며, 변이 결과 보다 복잡한 생물체가 출현하였다. 그러므로 인간은 특정 시점에 창조된 것이 아니라 단순한 수생 생물의 자손이며, <자연선택>이 현재의 후손을 만들었다는 것이 다윈의 주장이었다.

다윈과 윌리스가 설명한 <자연선택>은 그 자체로 매우 특별한 철학적 진보다. <자연선택> 개념은 적응적 변화를 설명하는 강력한 도구이다. <자연선택>의 본질은 단순성으로 물리적 현상을 설명하는 '법칙'과는 다르다. <자연선택> 개념의 진정한 가치는 목적인(目的因)이 없다는 것이다. 세상사 거의 모든 일은 예정되어 있지 않다. 더구나, <자연선택>의 방향은 환경이 다양하기 때문에 한 세대에서 다음 세대조차도 바뀔 수 있다.

다윈은 탁월한 과학자이자 상징이다. 다윈은 아메리카 대륙의 발견과 관련된 <콜럼부스>(Christopher Columbus)와 유사하게 진화론과 밀접하게 연관된 이름이다. 콜럼부스는 아메리카 대륙에 처음 발을 디딘 최초의 유럽인이 아니었고 그가 대륙에 도착하기 이전에도 그곳에는 번창한 문명이 존재하고 있었다. 그러나 이러한 사실 때문에 콜럼부스의 업적이 감소되지는 않는다. 진화론을 최초로 발표한 윌리스(Alfred R. Wallace)는 19세기에 생물학에 대한 새로운 생각을 펼쳤으나, 진화론과 연관된 상징은 다윈으로 다윈설(Darwinism)은 진화론과 동등하게 사용되고 있다.

08 스펜서와 진화론

진화론은 현 시대를 관통하는 명제(命題)이다. 그 동안 많은 논란이 있어 왔음에도 진화적 사고방식은 사회과학에서 계속적인 조명을 받고 있다. 생물학에서의 진화론은 복잡하고 변화하며 때로는 논쟁의 대상이기도 하지만, 변이, 선택과 전이에 대한 기본 개념은 사회학에 적용 가능한 강력한 도구이다. 그러한 사용에 있어서, 발달 과정과 진화 과정 사이에 뚜렷한 구별이 있어야 한다. 사회생물학적 설명과 유전자와 문화의 상호작용을 설명하는 공진화 등 두 가지 주요 접근 방법이 사회 진화학의 주된 접근 통로이다. 자연선택을 통한 진화는 유전자와 문화적 요소 모두에서 일어날 수 있다.

<스펜서>(Herbert Spencer)는 영국 빅토리아 시대의 철학자, 생물학자, 인류학자, 사회학자이자 저명한 정치 이론가였다. 스펜서는 1820년 4월에 영국의 더비에서 9형제 중 맏이로 태어났다. 그는 특별한 훈련을 받지 않았고, 비공식적인 교육을 받았다. 그의 아버지는 학교 선생이었으나 관습에 얽매이지 않았던 사람으로 스펜서의 가족은 비국교도 집안이었다. 이런 분위기 속에서 스펜서는 어렸을 때부터 개체주의, 반체제와 반교권주의, 그리고 공리주의의 견해에 크게 영향을 받았다.

스펜서는 19세기 중반에 진화론의 강력한 옹호자였으며, 그 당시 그의 명성은 <다윈>(Charles Darwin)에 버금갔다. 스펜서는 초기에 철학, 심리학과 사회학 연구에 진화론을 적용하고 확장시키려고 노력하였다. 그는 자신의 그런 영역을 <종합철학>(synthetic philosophy)이라 칭하였다. 그의 견해는 <노직>(Robert Nozick) 같은 자유의지론자에게 크게 영향을 끼쳤다. 그러나 현재 그는 주로 자연권의 옹호, 실용실증주의 비판 같은 그의 정치적 사상 때문에 철학의 영역에서 기억되고 있다.

생물학이 어떻게 사회적인 주제가 되었으며 사회 이론에서 그것이 의미하는 것은 무엇인가? 스펜서는 진화론의 적극적 옹호자였으며, 사회에 대한 개인의 우위 그리고 종교에 대한 과학의 우위를 주장했다. 그의 걸작은 생물학, 심리학, 윤리학과 사회학의 원리에 대한 포괄적인 저서인 <종합철학>(1896)이다. 그는 자연선택을 포함한 진화 원리를 인간의 사회학, 사회계급에 적용시킨 사회 진화론 학설의 창시자로 기억되고 있다. 스펜서 시대에 사회 진화론은 <자유방임 경제학>을 정당화시켰는데, 스펜서는 여기에 <적자생존>과 <진화> 개념을 도입하였다.

스펜서는 물질계, 생물계, 인간의 마음, 인간의 문화와 사회의 점진적 발달 같은 포괄적인 진화 개념을 발전시켰다. 박식한 면모대로 그는 윤리학, 종교, 인류학, 경제학, 정치 이론, 철학, 문학, 천문학, 생물학, 사회학, 심리학을 포함하여 여러 다양한 분야에 공헌하였다. 19~20세기에 걸쳐 영국에서 스펜서만큼 폭넓은 대중적 인기를 구가했던 사람은 철학자인 <러셀>(Bertrand Russell)이 유일할 것이다.

스펜서는 다윈의 <종의 기원>이 출판된 후인 1864년에 발간한 <생물학 원리>에서 <적자생존>과 <진화>란 용어를 주조(鑄造)한 것으로 유명하다. <적자생존>은 <자연선택>을 강하게 암시하는데, 스펜서는 <라마르크주의>를 신봉하였으며, 진화론을 사회학과 윤리학에까지 확장하였다.

스펜서는 <콩트>(Auguste Comte)의 실증철학에 크게 영향을 받아, 과학적이고 실증적인 접근방법을 사용하였다. 과학 지식의 실증적 특성과 생물은 진화 과정에 있다는 자신의 신념에 기반을 두어, 지식은 변할 수 있다는 주장을 펼쳤다. 스펜서는 "과학에서 중요한 것은 과학이 발전함에 따라 특정 개념이 수정되고 변할 수 있다는 것이다"라고 하였다.

스펜서의 연구방법은 종합적인 것이었다. 각 분야의 과학 또는 탐구의 목적은 자료를 축적하고, 이러한 자료로부터 기본 원리 또는 법칙을 추출하는 것이라 여겼다. 그러한 원리는 다른 과학 분야의 탐구 또는 실험 결과로 확대되어 높은 확실성을 보장할 수 있을 것이다. 따라서 스펜서는 각 분야의 과학적 증거와 결론이 서로 연관되어 있는 것을 보여주고자 노력하였다. <종합철학 체계>(1862) 초판에서, 스펜서는 모든 현상을 진화의 긴 과정으로 설명할 수 있다고 주장하였다. 이 <연속성 원리>에서 순일(純一)한 생물은 불안정하며, 단순한 생물에서 보다 복잡하고 비균질적인 생물로 발달했으며, 그러한 진화가 발전의 기준이라는 것이다. 이것은 변이의 종류에 대한 완전하고 결정된 구조를 제공하는 진화에 대한 스펜서의 정의이다.

스펜서는 진화 과정이 필수적이란 생각을 가졌음에도, 그것은 전체적으로만 <필요>하며, 이 과정에 대한 그의 설명에는 목적론적인 요소가 없다. 스펜서는 다윈이 <종의 기원> 후속 판에서 그 용어를 차용(借用)한 <적자생존>이란 용어를 만들어냈다. 진화에 대한 스펜서의 이해에는 획득 형질의 유전을 주장하는 라마르크주의가 포함된다. 그는 생물의 발달에 외부 요인의 직접적인 영향을 강조하였다. 스펜서는 진화가 생물 자체의 특성 및 발생과 자연선택의 단순한 원리에 기인한다는 다윈의 주장을 부정하였다.

스펜서는 생물학 연구로부터 진화에 대한 증거를 찾아냈다. 그는 모든 생물에서 점진적인 분화가 일어난다고 주장하였다. 또한 그는 인간의 본성은 개량될 수 있고 변화할 수 있다고 믿었다. 따라서, 그는 기존의 과학적 견해는 불변의 인간 본성이라는 가정에 기반을 두고 있었기 때문에 거부하였다. <인간의 본성>은 단순히 본능과 감성의 합이며, 사회적 존재로 적응할 것이다. 스펜서는 인간의 삶도 진화의 긴 과정의 연속이라 주장하였다. 그는 마음과 신체의 평행 발달이 존재한다는 것을 고려했으나, 이원론에는 대척점에 있었으며 마음과 중추신경계의 작동과 뇌에 대한 그의 설명은 기계론적이었다.

09 세균과 인간

우리가 먹는 된장, 고추장과 청국장 등은 곡물을 원료로 각종 발효균의 발효로 만들어진다. 청국장을 발효시키는 주된 균은 고초균(枯草菌)이란 세균이다. 모든 세균이 인간에게 이롭지만은 않다. 우리 주변에서 흔히 볼 수 있듯이 식품을 변질시키기도 하며 많은 세균 유래 질병도 존재한다. 예를 들어 충치와 잇몸 질환도 세균 유래 감염성 질병이다.

1980년대 중반 이전까지 가공식품의 유통기한이 제대로 지켜지지 않던 시절에 가끔 통조림이 부풀어 있는 제품을 볼 수 있었다. 그런 현상은 절대 혐기성 세균의 일종인 *Clostridium botulinum*의 번식 때문에 생긴다. 절대 혐기성 세균이란 에너지 획득과정에 산소를 전혀 사용하지 않는 세균을 이른다.

*C. botulinum*은 보툴리눔 독소를 생산한다. 보툴리눔 독소는 치명적인 물질 중 하나이며, 신경 기능을 차단하여 호흡 및 근육 마비를 유도할 수 있다. 인간의 보툴리눔 독소증(botulism)은 식품-유래 보툴리눔 독소증, 영아 보툴리눔 독소증, 상처 보툴리눔 독소증, 흡인성 보툴리눔 독소증 등 여러 종류가 있다. 식품-유래 보툴리눔 독소증은 부적절하게 가공된 식품의 섭취 때문에 일어난다. 이 독소증은 드물게 일어나나 신속한 진단 및 항독소 처리를 하지 않으면 치명적인 질환이다.

*C. botulinum*이 생성하는 포자는 열에 저항성을 가지고 있으며 환경에 널리 분포하다가 산소가 없는 상태에서 발아, 성장한 다음 독소를 분비한다. 보툴리눔 독소는 A~G까지 7종류가 존재하는데, 이들 중 4종류(A, B, E, F)가 인간에게 보툴리눔 독소증을 일으키며, C, D, E는 다른 포유류, 조류와 어류에 보툴리눔 독소증을 일으킨다. *C. botulinum*의 포자는 열에 저

항성이 있으나, 혐기성 조건에서 성장한 포자는 85°C에서 5분 이상의 가열로 파괴할 수 있다.

보툴리눔 독소는 신경근의 신호전달을 방해하는 강력한 독소이다. 보툴리눔 독소는 신경전달물질의 방출에 중요한 역할을 하는 시냅스전 뉴런의 말단에 존재하는 SNARE라는 단백질을 파괴한다. 신경 자극의 신속한 전도는 신경전달물질이 들어있는 소포(小包)를 정확한 위치로, 즉 시냅스전 뉴런의 말단에 이동시킨 다음, 신경 자극에 의해 소포와 시냅스전 뉴런 말단의 세포막이 융합되어 신경전달물질이 방출된다. 신경 자극은 이런 경로를 통해 전달된다. 보툴리눔 독소는 소포와 시냅스전 뉴런 말단 세포막의 융합에 중요한 역할을 하는 SNARE 단백질의 작용을 차단한다. 그 결과, 신경전달물질의 방출이 봉쇄되고 신경 전달이 차단되어 근육의 이완성 마비가 초래된다.

보툴리눔 독소는 신경독이기 때문에 신경계에 영향을 미친다. 식품-유래 보툴리눔 독소증은 하향성, 이완성 마비를 일으켜 호흡 부전을 일으킬 수 있다. 초기 증상은 현저한 피로, 허약, 현기증, 흐린 시야, 마른 입, 삼키기와 말하는 것의 어려움 등이 있다. 구토, 설사, 변비 등이 일어날 수도 있다. 이러한 증상은 세균 자체에 의해 일어나는 것이 아니라 세균이 생산한 독소에 의해 일어난다. *C. botulinum*은 수소이온농도 4.6 이하인 산성 조건에서는 성장할 수 없으므로 산성 음식에서는 보툴리눔 독소가 형성되지 않는다. 그러나 산성 조건이라도 이미 생성된 독소는 파괴되지 않는다. 저온에 저장하고 염 농도 및 수소이온농도를 조절하는 것이 *C. botulinum*의 성장을 차단하고 독소의 생성을 막는 데 필요하다.

순수하게 정제한 보툴리눔 독소의 효과는 환자들에게 의학적 그리고 미용 차원의 시술에서 확인되었다. 보톡스(Botox)는 가장 치명적인 독소의 하나인 보툴리눔 독소 A형의 상표명이다. 이 신경독은 식물, 토양, 물과 동물 등에서 일상적으로 발견되는 *C. botulinum*에서 생산된다. 보툴리눔 독소증의 임상 증후는 종종 치명적이며, 전형적으로 상처 감염, 부적절하게 요리된 식품 또는 부적절하게 처리된 통조림 식품 등을 통해서 일어난다. 보툴리눔 독소는 신경과 근육 사이의 주된 신경전달물질인 아세틸콜린의 방출을 차단하여 마비를 일으킨다.

오랜 시간 동안, 우리는 회로와 현미경적 그리고 해부학적 관찰을 통해 뇌가 가소성(可塑性)을 가지고 있다는 것을 알고 있다. 가소성이란 인간의 뇌가 경험 때문에 변화되는 능력을 이르는 것으로, 뇌가 성형적이고 순응성이 있다는 것을 의미한다. 즉 뇌는 외부 자극의 횟수에 따라 반응이 물리적으로 바뀔 수 있다. 예를 들어, 바이올린 연주자의 뇌 지도를 보면, 활을 켜는 손가락에 해당하는 영역이 바이올린을 연주해보지 않는 사람의 동일 영역보다 훨씬 크다. 시각 장애인이 점자를 배울 때 <점자를 읽는 손가락>에 해당하는 영역이 사용하지 않는 시각피질 속으로 크게 확장되기도 한다. 손과 안면 영역의 뇌 지도는 감각피질 부위에서 서로 인접해 있다. 손이 절단된 사람은, 얼굴에 대한 촉각 입력이 손으로부터 감각 입력을 받지 못하는 영역 속으로 확장되고 옮겨진다. 이와 유사하게 안면신경 마비 또는 뇌졸중에 의해 안면 마비를 앓는 환자는 감각피질의 손 영역에서 대사 활성이 향상된다.

이러한 관찰에 근거하여, 보톡스 주입 때문에 환자의 얼굴이 마비된 후 뇌의 손 영역이 확장될 것으로 예상할 수 있다. 그러나 연구결과 그 반대 현상이 나타났다. 이것은 보톡스에 의한 안면 마비에 대한 피질 재구성이 손 절단, 안면신경 마비 또는 뇌졸중 등에 의한 기능상실 후에 관찰되는 것과는 본질적으로 다르다는 것을 의미한다.

보톡스를 주입하면 안면 선과 주름이 감소한다. 이마와 안면에 보톡스를 주입하면 손의 뇌 감각 영역이 재배열된다. 독소에 의해 2~3개월의 제한된 마비만 지속되기 때문에 이용자들은 주기적으로 보톡스를 주입받아야 한다. 현존하는 의문은, 몇 년간에 걸쳐 반복적으로 보톡스를 주입하면, 주입받은 사람의 뇌가 영구적으로 변하지 않을 것인가 하는 것이다. 이 어려운 질문에 대한 현재의 설명은, 보톡스 주입에 의한 제한된 마비는 이마 및 안면 운동 때문에 정상적으로 생성되는 뇌 감각 입력을 박탈한다는 것이다. 뇌의 영역 재배치는 사용하는 보톡스의 용량에 의존적이다.

모든 보툴리눔 독소는 분자량이 약 150 kDa인 단일 폴리펩타이드 사슬이다. 이 사슬은 분자량이 약 100 kDa인 무거운 사슬(H)과 약 50 kDa의 가벼운 사슬(L)이 이황화 결합으로 연결되어 있다. 모든 보툴리눔 독소 유형은 신경근 접합부에서 작용하는 주요한 신경전달물질인 아세틸콜린의 방출을 차단하여 신경 전도를 방해한다. 보툴리눔 독소를 근육 내에 투여하면 신경근 접합부에서 작용하여 시냅스전 운동뉴런으로부터 아세틸콜린의 방출을 차단하여 근 마비를 일으킨다. 보툴리눔 독소는 신경근 접합부, 자율신경절, 아세틸콜린을 방출하는 신경절후 부교감신경 종말과 신경절후 교감신경 종말 등 신체의 서로 다른 네 부위에서 작용한다.

1970년대 후반에 미국의 안과의사인 <스콧>(Alan Scott)이 인간의 사시(斜視)를 교정하기 위해 보툴리눔 독소 A형의 유효성을 최초로 증명하였다. 차례로, 보툴리눔 독소는 다양한 강직 질환의 치료 목적으로 승인되었다. 오늘날에는 거의 모든 의학 전공 분야에서 사용되고 있다. 2002년도에 식품의약국(FDA)은 미간 주름을 일시적으로 감소시키는 미용 목적으로 Botox®(Botulinum toxin-A)의 사용을 승인하였다.

보톡스 처리는 순수하게 정제된 보툴리눔 신경독소 A형을 고도로 희석하여 행한다. 처리는 의학적 관리하게 진행되어야 하며, 일부 부작용이 관찰되기도 하지만, 널리 안정적으로 사용되고 있다. 이런 면에서 보툴리눔 독소는 <기적의 독소>라 불리기도 한다.

최고조의 마비 효과는 보툴리눔 독소 주입 후 4~7일 사이에 일어난다. 상업적으로 이용 가능한 모든 보툴리눔 독소의 용량은 생물학적 활성 단위라는 용어로 표현하고 있다. 영향을 받은 신경 말단은 퇴화하지 않으나, 신경전달물질 방출의 차단은 비가역적이다. 신경 말단의 발아와 새로운 시냅스 접촉에 의해 신경전달물질의 방출이 재개될 수 있는데 이것은 대개 2~3개월이 소요된다. 독소는 효과가 나타나기까지 24~72시간이 요구되는데, 이것은 독소가 들어있는 소포가 원형질막에 융합하는데 필요한 시간을 반영한 것이다. 매우 드물게 일부 사용자들에게서 완전한 효과가 관찰되기 위해서는 5일 이상이 요구되기도 한다. 이 경우, 독소의 효과는 10일째에 정점에 도달하며, 8~12주까지 효과가 지속한다.

10 과학저술

많은 대학에서 신입생들에게 추천하는 권장 도서이자 대입전형에서 대부분의 고등학생들이 읽었다고 답하는 책 중의 하나가 <이기적 유전자>일 정도로 <이기적 유전자>는 진화생물학과 관련된 심오한 전공서적이자 대중 과학저술이다.

<도킨스>(Richard Dawkins)는 옥스퍼드 대학의 진화생물학자로서 1976년에 <이기적 유전자>를 출판하였다. <이기적 유전자>에서 <도킨스>는 1960년대에 <해밀턴>(William D. Hamilton)이 주장한 개체나 집단 차원의 진화가 아닌 유전자에 기반한 진화를 주장하였다. <도킨스>는 유전자가 진화의 기본 단위이며 '이기적 유전자'가 세대를 통해 그 사본이 전달된다고 하였다. 자연을 유전자의 눈으로 보는 관점은 매우 큰 논쟁을 불러일으켰다. 성공적인 '이기적 유전자'는 수많은 사본을 생성하며, 비성공적인 것은 사라진다. 1960년대가 모든 게 가능한 시대였다면, <이기적 유전자>는 1970년대의 패배주의와 숙명론의 전형적인 예처럼 보였다.

<도킨스>의 자연선택설의 재구성은 과학계 안팎에서 지대한 관심을 불러일으켰다. 그의 이론은 사회과학 연구의 축을 바꾸도록 하였으며, 수많은 독자들에게 생명에 대한 자신의 신념을 재고하도록 하는 등 과학의 대중화에 큰 기여를 하였다. <도킨스>는 유전자에 의해 인간이 영속적으로 존재하는 것이 아니라 인간은 단지 유전자를 전달하는 유용한 기계라 주장하였다. <이기적 유전자>의 평판이 널리 퍼지면서 '이기적 유전자'는 '자유의지'와 '주체성' 같은 정신을 모욕하는 '생물학적 환원주의' 또는 '결정론'으로 인식되기도 하였다.

유전자는 그들 자신이 가장 효과적으로 복제되어야 하기 때문에 반드시

이기적이어야 하며 그렇지 않으면 죽어 없어진다. 복제자들은 한정된 자원을 놓고 경쟁하며, 자연선택은 생존에 유리하거나 생식력 있는 개체를 선호한다. 진화과정에서 복제자들 중 보다 안정한 배열과 경쟁자를 감소시킬 수 있는 것들이 선호되었을 것이다. 시간이 흐름에 따라 복제자들은 공격적이고 방어적인 전략을 채택하였고 분자 배열은 더욱 복잡하게 되었을 것이다. <도킨스>는 일부 복제자가 돌연변이를 통해 그들 주위에 단백질 벽을 세웠으며 궁극적으로 '생존기계'가 출현하였다고 제안하였다.

미생물을 포함한 원핵생물, 식물과 동물을 포함한 진핵생물 등 모든 생명체는 생존기계이다. 세포에 존재하는 유전자는 복제자이고 생명체는 그들의 생존기계이다. 각 개체는 자가 복제를 추구하는 '이기적 유전자'의 단순한 운반자일 뿐이다. '이기적 유전자'의 생존 무대는 무한 경쟁, 무자비한 착취와 기만의 세계 속에 존재한다. 그럼에도 <도킨스>는 이타적 행동이 자연계에 존재한다고 주장하였다. 벌은 그들의 보금자리를 지키기 위해 적들을 쏘아 죽음에 이르고, 새들도 달려드는 매를 경고하기 위해 그들의 목숨을 아끼지 않는다. 유전자의 이기주의는 보다 큰 선(善)에 이익을 주는 행동을 촉진한다.

많은 유전자를 공유한 친척들은 밀접하게 연관된 이해관계를 갖는 경향이 있다. 부모는 자식에게 유전자의 절반을 전해주기 때문에 부모의 보살핌은 유전자 차원에서 이타주의는 아니다. 많은 어린 아이들은 그들이 허기진 것보다 더 배고픈 척하여 부모를 이용한다. 훗날 <도킨스>는 본질적으로 화학물질 덩어리를 '이기적 유전자'란 단어로 의인화한 자신의 용어 선택이 잘못됐다고 고백하면서 보다 적절한 용어는 '불멸의 유전자'라 하였다.

<도킨스>는 <이기적 유전자>에서 유전자와 유사한 인간의 문화적 진화 단위인 '밈(meme)'이라는 용어를 주조(鑄造)하였다. 문화적 배경에서 보면 '이기적 유전자'는 인터넷과 소셜 미디어 시대에 바이러스와 같이 사람에서 사람으로 퍼진다는 생각인 밈을 일반화시켰다.

<이기적 유전자>에서 유전자는 '내재 가치'의 존재 위치로 해석될 수 있다. 생물학자들은 유전적 변이에 대해 '선택 가치' 또는 '적응 가치'를 논한다. 식물은 종자를 퍼트리거나 가시를 만드는 '생존 가치'를 갖는다. 자연선

택은 한 생명체가 가치가 있거나 그들의 생존에 상대적으로 가치 있는 형질의 선택을 의미한다. 자연선택이 이러한 형질들을 한 집단으로 모을 때 '유전자'로 통합되며 생명체는 이러한 유전자에 기초하여 가치를 가질 수 있다. 가치 있는 형질은 유전자에 저장되어 있고, 생명체에 내재되어 있으며 이것을 '내재 가치'라 한다.

<이기적 유전자>에 대한 비판은 특히 인간에게 적용했을 때 사회성에 대한 암울한 전망에 집중되었다. 그러나 '이기적 유전자'는 이기적 인간을 나타내는 것이 아니라 단지 은유적 표현일 뿐이다. 또 다른 비판은 유전자들이 각 개체가 아니라 종을 위해 작용한다는 견해와, 유전자 단위와 유사한 문화의 '밈' 단위의 존재를 인간사 영역으로 확대시켰다는 것이다.

11 지속가능한 성장

과학기술의 발전을 통해 우리 삶의 질은 획기적으로 향상되어 왔다. 전기, 항공기, 백신, 컴퓨터와 인터넷이 없는 세상을 상상해 보라. 현재의 경이롭고 편리한 생활은 과학기술자들의 헌신적인 노력의 결과이다. 이를 통해서 수많은 새로운 상품들이 만들어졌고 새로운 산업을 창출하였으며 궁극적으로 인간의 삶을 보다 활동적으로 만들었다. 과학기술 혁신은 청정 에너지, 생명과학, 반도체와 인터넷 같은 첨단기술 분야에만 한정되는 것이 아니라 인간의 일상적 사고에도 영향을 미친다. 이러한 이유 때문에 과학기술에 대한 혁신적인 정책 입안과 집행이 중요하다.

과학기술의 발달이 삶의 질을 향상시키고 번영을 가져다주는 효과적인 수단이지만 과학기술의 정책 수립 및 실행 단계에서 지속가능한 성장을 고려하지 않는다면 성장의 목표는 모호해진다. 따라서 정책 입안자와 실행자들은 과학기술 프로젝트의 기획 및 실행 등 모든 단계에서 지속가능성에 대해 세심한 주의를 기울여야만 한다. 지속가능한 성장에 대한 대중적 관심에도 불구하고 과학기술계는 적절하고 지속적인 지원을 받지 못하고 있다. 연구비는 소수에게 집중되고 그것도 지금 당장 가시적인 결과를 낼 때만 가능하다는 전제에서다. 이런 일이 일상화되다보니 과학기술계는 원자화되었고 기술적 진보는 주로 개인의 이익으로 돌려지며 컨트롤 타워의 부재로 과학기술자 사이의 협력이 효율적으로 이루어지지 못하고 있다.

과학기술에 의해 추동되는 국가발전 모델의 근간은 과학기술 수준의 발달이라는데 이견이 없다. 비즈니스 세계로부터 과학기술적 접근을 떼어놓으면 새로운 지식의 상품과 서비스로의 이행은 불가능하다. 과학기술 시스템은 지식창출 및 결과 응용 사이를 연결하여 사회적 요구를 충족시키거나 문제를 해결할 수 있다. 이러한 경향은 유네스코에 의해 조직된 세계과학자회의에서 채택된 '과학의제'에 반영되어 있다. 즉 과학기술은 사회를 위해 봉사하고 사회는 다시 그 역량을 과학기술을 위해 투자해야 한다는 것이다. 유네스코는 과학(S)과 기술(T) 그리고 기술혁신(I)(STI)을 국가발전 정책수립 시 통합하기를 권하고 있다. STI 관리를 강화하는 것이 지속가능한 사회·경제적 개발을 가능하게 할 것이다. STI의 통합에 의해 과학기술자 그룹과 산업계 그리고 자생적 지식 시스템의 상호작용이 가능해지고 이를 통해 지속가능한 성장을 이룰 수 있을 것이다.

과학기술의 혁신은 우리의 미래에 아주 중요한 요소이다. 그리고 이것은 국가 차원에서의 정책적 접근을 필요로 한다. 과학기술에 대한 투자는 기존의 지식을 뛰어 넘는 엄청난 결과를 이끌어낼 수 있다. 과학기술자들은 목표 지향적 연구에 의해 유용한 물품들을 발명해왔으나 가끔 전혀 다른 것을 발견하기도 하는데 이러한 결과는 원래 그들이 찾고자 하는 것보다 유용성이 훨씬 더 크기도 하다. 예를 들어 2006년에 노벨생리학상을 수상한 스탠포드대학의 파이어 박사는 유전자의 발현을 억제할 수 있는 RNA를 발견하였는데 이것은 암, 에이즈와 간염 등의 치료법 개발에 사용되고 있다. 테프론을 만드는데 쓰이는 테트라플루오르에틸렌 실린더는 냉각제로 쓰이고 있으며 액정의 발견은 평판 스크린 같은 혁명적인 결과를 이끌었다. 이런 이유로 과학기술에 대한 투자를 소홀히 하면 새로운 산업의 출현은 위축될 수밖에 없다.

시대 변화는 과학기술의 역할에 대해 패러다임 전환을 요구한다. 연구에서 새로운 발견이 기술적 중요성을 지녔다하더라도 그 기술의 경제적 성공을 보장하지는 않는다. 길게 봐서는 국가의 경제적 이익에 부합된다 하더라도 이러한 부분은 기업의 투자 대상이 되지 않는다. 과학기술과 사회는 공동 진화해간다. 성공적인 새로운 산업의 출현은 과학기술의 발전에 의해 폭넓게 제공되며 이것은 미래의 경제적 번영을 약속하는 길이다.

극단적 경쟁사회는 누군가에게는 유토피아가 펼쳐지겠지만 다른 패배자들에게는 악몽의 연속일 수 있다. <리프킨>의 말처럼 어느 날 아침, 깨어나 보니 <나>라는 인간의 모든 국면이 돈으로 얽혀 있고 나의 생활 자체가 결국 돈을 주고 산 경험으로만 채워져 있다고 상상해 보자. 자본주의는 진화하여 삶의 모든 면을 상업 관계망 속으로 강제 편입시켰다. 토지, 노동, 생산, 사회활동뿐만 아니라 교육까지도 시장으로 흡수되어 상품화되었다. '국가처럼 사고'하는데 익숙해진 정치인과 관료들의 과학과 교육정책에 대한 혁명적인 인식 전환이 절대적으로 필요한 때이다.

12 미래사회와 교육

<혁명>이라는 단어는 극적인 정치적 변화를 일으키는 민중 봉기를 정의하는데 쓰인다. 혁명을 통해 독재자가 권좌에서 밀려나고 헌법이 개정되거나 대체되며, 한 국가 또는 다른 국가에도 영향을 미치게 된다. 그러나 다른 유형의 혁명도 존재하는데 그 중 하나가 산업의 역할과 위치를 극적으로 변화시키는 돌파구를 의미하는 산업혁명이다. 역사를 통틀어 기술의 획기적 발달을 통해 인류는 산업 분야에서 엄청난 생산성 증대 및 편리함을 취해왔으며 산업 분야에서의 이런 충격적인 변화를 <산업혁명>이라 한다. 지금의 인류는 물질, 디지털 및 생물학적 세계의 경계가 무너지고, 기술의 융합을 보여주는 4차 산업혁명의 시대를 살고 있다.

과학기술의 발달은 인류의 경제적, 사회적 그리고 문화적 지위를 크게 변화시켰다. 4차 산업혁명은 로봇, 가상현실, 클라우드 기술, 빅 데이터, 인공지능, 감성지능, 사물 인터넷 등에서의 진보에 의해 유도되고 있다. 4차 산업혁명 시대에 요구되는 배경 지식은 비판적 사고, 판단력, 협상능력, 인지 유연성 및 지식의 생산과 관리 등 다양하다. 현대인들이 필수적으로 사용하는 대부분의 휴대용 기기는 인공지능에 의해 구동되는 인지 기술에 기반하고 있다. 인지 로봇, 자동 드론, 자율 주행 자동차, 3D 프린팅과 스마트 센서 같은 물리적인 영역, 사물 인터넷, 빅 데이터 등의 디지털 영역과 합성 생물학, 각 개인의 유전적 조성과 바이오-프린팅 같은 생물학적 영역의 기술이 우리가 일하고 배우고 살아가는데 결정적으로 작용하고 있다.

4차 산업혁명 시대라는 새로운 물결에서 번영의 기회를 잡기 위해서는 한 국가의 고등교육 시스템이 <지식-기반>의 숙련된 인력의 양성에만 초점을 맞추는 것이 아니라, 과학기술자의 혁신적 재능을 배양하는 정책을 동시에 세워야 한다. 이 시대의 과학기술자는 인문학과 사회과학을 이해할 수 있도록 학제간 환경에서 교육 · 훈련 되어야 한다. 4차 산업혁명은 일터를 <과제-중심>에서 <인간-중심>으로 변화시키고 있다. 인간과 기계의 수렴 결과, 과학기술과 인문학 및 사회과학 사이의 간극이 줄어들고 있다. 4차 산업혁명 시대에 한 국가의 고등교육 시스템은 혁신을 최우선 과제로 삼아야 한다. 혁신은 기존의 패러다임 변화나 새로운 기술의 도입에 의해 진행된다. 전통적인 교육은 현재까지의 산업과 기술의 진보에 크게 기여해왔다. 그러나 미래 세대에게 완전한 세트의 기술과 지식을 전달하기 위해서는 혁신이 필요하다.

지금의 교육은 클라우드 기술을 응용한 모바일 기기와 연결되어 있기 때문에 지식의 이용 한계가 없어지고 있으며, 기술 습득의 폭이 확장되고 있다. 국가적 또는 전 세계적으로 네트워크 서비스가 확장됨에 따라 물리적 경계는 더 이상 장벽이 아니기 때문에 <강의실-기반> 교육의 수요가 감소하고 있다. 이전의 교육과정에서 학생들은 교수의 강의를 듣기 위해 강의실로 모여야만 하였다. 그러나 기술혁신은 이러한 제약을 뛰어넘어 고등교육에 급격한 변화를 초래하고 있으며, 독립된 교육과정을 온라인으로 제공하는 공개강좌(MOOCs)가 그 예이다. 물론 교육에서 교수자와 학습자 간의 면대면 상호작용의 중요성을 간과해서는 안 된다. 그런 면에서 본다면 전통적인 전달식 교육방법과 보다 많은 사람들이 더 많은 정보를 활용할 수 있는 MOOCs의 적절한 활용이 유용할 것이다.

과학은 개방적일 때 그 파급력이 뛰어나다. 연구 방법의 명료함은 과학적 방법론의 핵심 교리이고, 연구 결과의 공유는 지식의 무한 확산을 가능하게 한다. 인체에서 일어나는 생명 현상들을 살펴보자. 신체 내외부의 자극에 반응하여 자극을 전도하는 신경전도와 이온의 흐름은 <옴의 법칙>을 따르며, 폐에서의 기체교환은 <보일의 법칙>을 따른다. 우리가 이동할 때에는 중력, 관성과 인력이 작용하고, 근수축에는 동력학 및 포텐셜 에너지가 관여하며 물질대사에는 열역학 법칙이 적용된다. 정보과학과 유전체학의 발달에 따라 현대 생물학 연구 분야에서도 큰 변화가 출현하였다. 이전까지의 생물학은 실험에 기초하여 결과를 얻어내는 <습식-기반> 연구가 전부였지만 현재는 모의실험을 통해 얻은 자료를 바탕으로 모델링을 행하는 <건식-기반> 연구시대가 펼쳐지고 있다.

알라바바 그룹의 창업자인 <잭 마(Jack Ma)>는 "우리는 어린이들을 기계와 경쟁하도록 가르칠 순 없다"고 하였다. 실제로 미래 세대의 직업은 기계가 할 수 없는 일들에 해당될 것이다. 미래의 직업 창출의 조정자인 인류가 기계를 이기는 핵심적인 영역은 과학적 발견으로부터 얻어진 지식, 기업가 정신을 창출하는 창의적인 노력과 사회적 상호작용이다.

13 4차 산업혁명과 과학

4차 산업혁명은 수력과 증기를 동력화하여 더욱 체계적이고 효율적인 제조를 가능하게 했던 1차 산업혁명에서와 같은 기술의 진화에 그 어원을 두고 있다. 1차 산업 혁명에 대한 전형적인 설명은 채광과 제조업의 양적 증가를 가능하게 하는 증기 동력의 이용을 언급한 것이다. 증기 동력은 '석탄, 철과 면화를 연결하는 허브'로 얘기할 수 있다.

<산업혁명>이라는 용어 자체는 1884년에 <토인비>(Arnold Toynbee)가 발표한 <산업혁명에서 얻는 교훈>에서 그 자취를 찾을 수 있다. 산업혁명에 대한 <토인비>의 설명에 따르면, 기술로서 동력과 기계적 생산의 확장은 사회적 발달뿐만 아니라 재정 제도의 변화를 포함하는 '변화에 수용적인 정치적 문화'와 연결된 형태로서의 혁명이다. 즉, 산업혁명은 경제적 성장의 촉진뿐만 아니라 사회적 변화의 촉진을 포함하고 있다. 1차~3차 산업혁명에서 이루어진 사회 및 교육의 변화는 지금 진행되고 있는 4차 산업혁명 시대에 고등교육에서의 변화 방향성에 대한 지침을 제공하는 출발점이 될 수 있다.

4차 산업혁명은 인공지능, 생명공학과 나노 재료학 같은 다양한 <기하급수 기술>(Exponential technologies)의 통합과 복합적인 효과의 결과로 설명할 수 있다. 4차 산업혁명의 범위 내에서 출현하는 실재적인 사건의 예는, 로봇을 이용한 조립 설비에서 컴퓨터와 바이오프린팅에 의해 창조된 DNA를 가진 생명체를 생산하는 합성생물의 개발이다. 4차 산업혁명은 산업혁명의 패러다임을 고정적이고 집중화된 공장, 수많은 협업이 필요하고 많은 노동력이 필요한 산업에까지 확장될 것이다.

가장 익숙한 <기하급수 기술>은 컴퓨터 능력의 기하급수적 증가와 저장에 필요한 비용의 감소를 유도할 수 있는데, 이것은 일반적으로 <무어의 법칙>이라 알려진 기하학적인 관계를 따른다. 이러한 <디지털 기하급수> 기술은 생명공학, 나노기술 그리고 인공지능 같이 급속하게 팽창하는 분야들이 서로 조합되고 있으며, 이러한 기술의 조합은 변화의 페이스를 조정하고 증폭시킬 것이다. 일부는 이러한 <기하급수 기술>의 수렴이 인류에 엄청난 이익을 부여할 <비범>한 것을 제공할 것이라 설명한다. 세계 경제 포럼은 4차 산업혁명의 기술들이 다양한 사회적 변화를 끌어내도록 확산할 것으로 전망했다. 4차 산업혁명 기술의 확산을 포함한 이러한 극적 전환점은 우리의 생활수준에 큰 영향을 미칠 것이며 고용과 교육에서의 변화에도 필요하다.

앞선 1~3차 산업혁명은 커리큘럼 혁신의 확산과 새로운 교육기관의 설립을 이끈 사회, 경제 및 교육에서 심대한 변환을 초래하였다. 이전의 산업혁명에서처럼 사회에 미치는 4차 산업혁명의 방대한 효과는 몇십 년 동안 실감하지 못할 수도 있다. 그러나 4차 산업혁명은 규모에서의 신속한 증가와 비용의 감소 능력을 공유하는 여러 복잡한 <지수기술>의 쇼크로 특징지울 수 있다. 기술에서의 신속한 발전은, 점진적인 사회적 진화 및 교육기관으로부터 순차적인 반응을 유도했던 이전 산업혁명보다 교육 영역에서 훨씬 선구적인 반응을 요구하고 있다.

5G 및 4차 산업혁명 시대에 필요한 인재를 육성하는데 어떤 교육 시스템이 요구되는가? 교육자, 정책 입안자, 비영리기관 및 산업계는 이 당면한 문제에 직면해 있다. 컴퓨터가 인간과 동등해지거나 인간의 인지능력을 뛰어넘음에 따라 교육에 있어서 세 가지 큰 목표가 필요하다. 첫째, 현재와 미래의 기술사회의 수요에 맞는 양질의 STEM(Science, Technology, Engineering, Mathematics)을 효과적으로 교육해야 한다. 둘째, 이러한 강력한 기술이 다른 사람의 웰빙에 관한 지식과 존경 등 인간 존재에 대한 시민적 그리고 윤리적인 이해를 중요하게 교육해야 한다. 셋째, 전통적인 교육 시스템의 범주를 넘어 보다 다양한 세대와 다양한 생존 양상의 사람들을 포용하는데 필요한 창의적이고 인문학적인 교육이 필요하다.

사실, STEM 교육은 우리 사회에 필요한 주된 영역이다. 위에서 언급했

듯이 기술에 의해 발전하는 시대에 이러한 주제의 가치는 반박의 여지없이 중요하다. 그런 까닭에 우리 사회는 소득 수준 및 세대 그리고 성별 차이를 넘어 모두에게 STEM 교육을 효과적으로 적용해야 한다.

4차 산업혁명 시대를 맞아 사회의 STEM에 관한 관심이 증가하고 있다. 그러나 훌륭한 과학자이면서 포용력 있는 인간에 대한 주제는 과소평가되는 경향이 있다. 이러한 주제에는 역사, 철학과 문학 같은 인문학이 포함된다. 4차 산업혁명 시대에는 과학과 인문학 사이의 무의미한 이분법을 탈피해야 한다. 이 새로운 시대에 숙달하기 위해 인류는 두 영역이 모두 필요하고, 또한 통합할 필요가 있다. 간단하게 표현하자면, 현시대의 인류는 <멋진 신세계>(Brave New World)에 깊이 공감하는 유전공학자와 복잡한 자료 분석이 가능한 역사학자여야 한다. 과학은 인문학에 엄청난 영향을 끼쳐왔고, 인문학 역시 과학에 많은 영향을 끼쳐왔다. 인류의 진보를 약속하고 인도하는 기술은 문화적 그리고 윤리적 제한이 요구된다. 이러한 제한 때문에 인문학은 종종 시대에 뒤떨어진 영역으로 치부되기도 했다. 그러나 4차 산업혁명 시대의 인문학은 점증하는 잠재적 기술을 인류가 여러 방면에서 최상으로, 또한 윤리적으로 사용할 수 있게 해 줄 것이다.

일부 학자들은 4차 산업혁명을 생물공학의 획기적 발전에 의한 비재생에너지 자원으로부터 재생에너지 자원으로의 변화로 설명하였다. 이러한 접근은 새로운 에너지원으로부터 발생한 산업혁명의 패러다임 변화를 보여주는 것으로 바이오 경제학(Bioeconomy)에 대한 정확한 예측을 가능하게 한다.

인구의 증가와 함께 지구 기후 변화에 의한 경작 가능한 토지의 소실로 2050년에는 식량 생산효율이 50% 이상 증가하여야 한다. 이런 면에서 식량 생산의 새로운 원천으로서 4차 산업혁명 기술의 개발이 절대적으로 요구된다. 여러 다양한 유용 물질뿐만 아니라 식품 구성 성분을 제공하는 유전적으로 변형된 미생물을 사용하는 바이오파이너리(Biorefinery)의 출현은 4차 산업혁명의 또 다른 예이다. 이러한 바이오파이너리는 섬유소, 바이오매스와 단순 당 등을 포함하여 융통성 있는 식품 저장을 가능하게 하여, 다양한 연료, 의약품과 식품의 대량 생산을 가능하게 하면서도 화석연료의 사용을 획기적으로 줄일 수 있게 되었다. 이러한 미생물은 쓰레기 매립지로부터 독성 금속 등을 제거하는데 사용될 수도 있다. 이 분야의 선도 기업들은 생물학적 순환에 필요한 표준화된 합성 생물학 웨트웨어(Wetware)를 이용하여 새로운 생명체를 디자인하고 있으며, 생물 벽돌이라 알려진 살아있는 재료를 이용하여 성장하는 구조물까지도 디자인하고 있다.

4차 산업혁명 때문에 가능해진 새로운 제조 양식에는 <사물 인터넷> 분야가 있다. 사물 인터넷을 통해 거의 모든 것을 컴퓨터상에서 디자인할 수 있다. 그런 다음 3D 프린터로 형상을 제작하여 수많은 물질과 생물학적 조직 같은 물체를 생성해 낼 수 있다. 이 능력은 인간이 데이터를 사물로, 그리고 사물을 데이터로 변환시킬 수 있게 하였다. 3D 프린팅 재료는 전통적인 3D 프린터에서 볼 수 있는 친숙한 열가소성 물질에서부터 건축에 필요한 대규모의 구조물과 10nm 너비의 원자 덩어리에 이르기까지 다양하다. 이 광대한 사물 인터넷 능력은 완전한 건물에서부터 정밀한 오차 범위 내의 미세 구조를 프린팅하거나 전체 기관의 이식에 필요한 생물학적 구조물을 창조해 낼 수 있다.

사회와 세계에 미치는 4차 산업혁명 기술의 효과는 방대하고 매우 빠른 변화를 이끌 것이다. 4차 산업혁명 기술이 인류에게 긍정적인 사회적 영향을 미칠 수도 있고, 파괴적인 환경 재앙을 초래할 수도 있으므로 4차 산업혁명 기술과 그 효과에 대응하기 위한 고등교육의 필요성은 매우 시급하다.

유전체학, 데이터 과학, 인공지능, 로봇공학과 나노 재료와 같이 매우 빠르게 출현하는 영역에서의 능력을 개발하는데 필요한 학생들을 위해 과학과 기술 분야 커리큘럼의 대폭적인 변화가 요구된다. 3차 산업혁명 시대의 STEM 커리큘럼은 생물학, 화학과 물리학 같은 전통적인 주요 과학 과목 내에서 운영되었다. 그러나, 4차 산업혁명 시대에는 커리큘럼을 재고하여 4차 산업혁명 교육의 형태로서 컴퓨터 과목의 교육에 높은 우선권을 주어야 할 것이다.

생물학 내에서는 <합성 생물학>과 <분자 디자인> 같은 새로운 분야의 코스를 도입할 필요가 있다. 스탠퍼드 대학이 취한 생물학 커리큘럼의 재정비 내용의 일부를 보면, 새로운 <생물학 문제풀이> 코스에서 학생들은 신뢰할만한 과학 문헌을 이용하여 라임 질환과 HIV 같은 현실 세계의 병독원의 치료책을 개발하는 실험을 디자인하게 한다. 또한 <공학 생물학>이란 코스에서 학생들은 의학, 공공 보건과 환경 관리에서 실제적인 문제를 해결하기 위해 그들 스스로 컴퓨터상에서 자신의 생명 형태를 디자인하고 바이오 프린팅하게 교육하고 있다. 이러한 코스의 출현은 미국 시장에서만 이미 4,000억 달러에 달하는 바이오 경제학에 대한 반응 산물이다.

스탠퍼드 대학의 커리큘럼에서 <생체공학> 과목은 '생명과학과 공학의 인터페이스'로 의학과, 생물학과와 공학 등의 전문 지식과 자원을 통합하여 교육하고 있다. 화학에서도 학생들이 합성 연료, 생플라스틱, 독성학 및 오염 제거 기술 같은 현실의 환경문제를 해결하도록 화학, 생물학과 환경과학을 혼합한 <녹색 화학>(Green chemistry) 코스를 통해 여러 다양한 프로그램을 운영하고 있다.

결론적으로, 경제 및 환경에 미치는 4차 산업혁명 기술의 유용성을 향상하기 위해 학생들이 각각의 기술을 세밀하게 이해하고, 기술, 환경과 사회 정치적으로 상호연결된 시스템의 진화를 철저하게 분석하고 예측할 수 있는 고등교육 과정의 커리큘럼에 대한 과감한 변화가 요구된다.

14 과학적 방법론

<블라이>(Adam Bly)에 의하면 인간은 모두 과학자이다. 인간은 바다가 왜 파란지, 가을 단풍은 왜 색색인지 등 우리 주변의 모든 문제에 대해 의문과 흥미를 갖고 살아왔다. 최근에는 여러 시민단체에서 행하는 것처럼, 수질 조사를 위한 시료를 채취하거나 외계 생명체를 찾는 일 등 많은 과학적 과정에 일반 시민들이 참여하는 <시민 과학>이 정착되기도 하였다.

웹스터 사전에 따르면, 과학은 1) 연구 또는 실험을 통해 획득한 지식, 2) 물리적 세계에 대한 과학적 방법론을 통해 획득하고 검증된 일반 법칙의 작동에 대한 일반적 진실을 포괄하는 지식으로 정의할 수 있다. 과학은 지식을 습득하는 시스템을 말한다. 이 시스템은 자연현상을 기술하고 설명하는 관찰과 실험을 이용한다. 과학은 이 시스템을 이용하여 획득된 지식의 조직화된 체계를 의미하기도 한다. 앞에서 언급한 과학은 인간의 필요에 의해 연구를 진행하는 응용과학과 구별하여 순수과학이라 정의한다.

과학의 목적은 무엇인가? 과학의 목적에 관한 가장 일반적인 기술은 실체에 대한 유용한 모델을 생성하는 것이다. 대부분의 과학적 탐구는 과학적 방법론의 형태를 사용한다. 과학은 증거에 기반한 체계적인 방법론을 이용하여 자연세계 및 사회의 지식 탐구와 이해를 추구하고 적용한다. 과학(Science)이란 단어는 '지식'을 의미하는 라틴어 'scientia'에서 유래하였으며, 넓은 의미에서 과학은 체계적인 지식-기반 또는 예측 가능한 규범적인 실험이다. 과학은 또한 고도의 숙련된 기술 또는 실험으로 이해될 수도 있다.

과학은 모든 현상에 대한 검증 가능한 설명과 예측의 형태로 지식을 주조(鑄造)하고 조직화하는 체계적인 학문이다. 과학의 뿌리는 기원전 3,500~3,000년 전후의 고대 이집트와 메소포타미아에서 찾을 수 있다. 수학, 천문학과 의학에 대한 지식 축적으로 고대의 그리스 자연철학이 형성되었다. 현대의 과학은 물리학, 화학, 생물학 같은 넓은 의미에서 자연을 연구하는 자연과학, 심리학, 사회학, 경제학 같은 개인과 사회를 연구하는 사회과학, 추상적 개념을 연구하는 수학과 논리학 같은 형식과학 등으로 나눌 수 있다.

과학은 완전하고 객관적인 증거에 의존한다. 과학자들은 연구의 객관성을 추구하는 것이 과학의 초석이라고 인식한다. 과학자들은 편향의 원천을 제거하려고 노력한다. 객관성 추구는 과학적 발견의 신뢰성을 향상시키고, 과학이 제공한 지식을 수용하고 사용하려는 사회의 의지를 북돋을 수 있다.

<블라이>는 현재의 지식 르네상스를 16세기의 르네상스처럼 지식을 모으고, 종합하고, 사회에 적용하는 방법에 대한 혁명이라 정의했다. 그런 면에서 과학은 스스로 올린 성과 즉, 의약품이나 기술 같은 것 이상의 의미를 갖으며, 단순한 관리 대상이 아니라 과학 자체가 관리와 사고의 방법이 되고 있다.

과학자들은 연구를 통해 지식을 찾아내고 증가시키기 위해 끊임없이 노력한다. 과학자란 단어는 1834년에 영국에서 최초로 기록되었다. 케임브리지대학의 역사학자이자 철학자인 <휴얼>(William Whewell)이 관찰과 실험을 통해 물리 현상과 자연 세계를 연구하는 사람들을 묘사하기 위해 사용하였다. 현대적 과학자의 출현은 실험과 통계를 도입한 <다윈>(Charles Darwin) 또는 <패러데이>(Michael Faraday)부터라고 얘기할 수 있으나 실제 최초의 과학자는 훨씬 이전에 존재했을 것이다.

과학자들은 관찰을 하고 그들의 관찰과 연관된 측정 가능한 자료를 획득하고, 얻어진 정보를 분석하여 이론적인 설명이 가능하도록 노력한다. 과학적 연구에 포함되는 방법들에는 가설을 세우고, 가설을 검증하기 위해 대조구 집단을 포함한 실험을 수행한다. 이 과정에서 과학자들은 자신들의 업적을 발표하여 다른 과학자들이 그 실험을 반복하게 할 수 있고, 결과의 신뢰성을 더욱 증가시킬 수 있다.

과학의 영역은 크게 자연현상을 연구하는 자연과학과 인간의 행동 및 사회를 연구하는 사회과학으로 나눌 수 있다. 그러나 양쪽 모두의 영역에서 지식은 관찰을 통해 획득되며, 비슷한 환경에서 연구하는 다른 연구자들에 의해 그 타당성을 검증받아야 한다. 보건과학과 공학 같은 일부 분과는 학제간 또는 응용과학으로 나뉘어진다.

과학의 주된 활동은 발견이다. 이 발견을 위해 수세기에 걸쳐 과학적 방법론이 개발되었으며, 실제로 매우 가치 있는 방법이다. 과학적 방법론은 인간 세계의 지식의 진보를 이끄는 인류의 위대한 발견인 셈이다.

대부분의 과학적 탐구는 과학적 방법론을 이용한다. 과학적 방법론은 자연계에서 일어나는 사건들을 반복 가능한 방법으로 설명하고자 하며, 궁극적으로 시험 가능한 예측을 할 수 있게 해준다. 과학자들은 자연현상을 관찰하고 대조군이 포함된 실험을 통해 자연에서 일어나는 사건들을 추적한다. 관찰에 근거하여 과학자들은 모델을 제시하고 수학적 또는 논리적 표현이란 용어로 특정 현상을 기술하거나 묘사한다. 그런 다음 과학자들은 그 현상을 설명하는 가설을 세우기 위해 필요한 실험 증거를 모으게 된다. 가설이란 검증 가능한 임시적인 해답이다. 실험 결과를 해석하는데 통계분석이 일반적으로 이용되고 있다.

과학적 방법론은 17세기에서부터 과학의 발전을 이끈, 지식을 획득하는 실험적 방법론이다. 과학적 과정은 종종 성배로 보일 수도 있고, 완벽하고 명백한 증거를 추구하는 논리적인 길이라 오해하는 과학자들도 있다. 과학적 방법론의 또 다른 문제는 사회과학, 행동과학 및 심리학 분과 등에서는 정확하게 맞아 떨어지지 않는 경우가 종종 존재한다는 점이다. 2011년에 제시된 '재현성 위기'는 출판된 과학 연구물 중에서 오류가 얼마나 많은가를 각성하게 하는 계기가 되었다. 한 집계에 의하면, 네이처에 발표한 과학자의 절반이 그들 자신의 실험 결과 중 일부를 재현하지 못했으며, 다른 과학자의 실험은 70%가 재현되지 못했다. 놀랍게도 2%는 잘못된 자료였으며, 14%는 누가 그런 일을 했는지 안다고 했다. 일반적인 이해와 달리 실험적 연구는 인간의 편견, 실수, 조작, 그리고 학계의 압력에 영향 받을 수 있다.

과학적 방법론은 과학적 연구 이면에 존재하는 철학을 기술하는 엄격한 프로토콜이다. 과학적 방법론 자체는 고정된 명제가 아니며, 우리가 살고 있는 세계에서 항상 향상되는 모델을 제시하는 과정이다. 그러나 일부 연구자들은 재현성 및 신뢰성 확보가 어렵기 때문에 과학적 방법론을 따르지 않는 경우가 있다. 현실적 한계는 늘 있기 마련이다. 그럼에도 불구하고 과학자들은 진실이라 칭하는 확실함을 추구해야만 한다.

과학 분야에서의 발전은 호기심에 의해 유도된 연구에서 비롯되었다. 미국이 선도하고 있는 제약 산업의 경우 산업체와 기초과학이 잘 연결된 분야이다. 생물의학에 기반한 산업이 경쟁력 있는 위치를 유지하기 위한 가장 중요한 요소는 새로운 아이디어를 지속적으로 제공하는 기초과학이다. 기초과학으로부터 실제 응용에 이르기까지의 길은 상당히 멀다. 나일론 같은 경우는 상용화에 약 10년 정도 걸렸고, 액정의 경우는 약 80년이 걸렸다. 따라서 지금 기초과학에 투자하지 않는다면 응용에 공급되는 원천기술은 고갈될 것이다.

과학은 과학자의 시선으로 접근해야 한다. <크라우스>(Lawrence Krauss)는 과학적 문제를 해결하는 과정에서 그 문제 이외의 어떤 것도 고려하지 않아야 한다고 주장하였다. 과학은 우주 안에서 인류가 차지하는 위치를 인식하게 하고, 인간의 역할에 대해 성찰하도록 해주며, 우리의 뿌리는 어디인가를 생각하도록 해주기 때문이다. 과학은 지속적인 탐구, 철저한 자기-비판적 태도와 엄중한 방법으로 획득한 증거에 기반을 둔 방법론이다. 과학은 재현성과 반증 가능성에 기반을 두고 있기 때문에 우리 주변의 모든 현상에 대해 보편적인 시야를 제공해줄 수 있다. 과학은 끊임없는 지식축적을 가능하게 한다. 사람들이 과학을 일상 속에서 접할 수 있고 과학적 방법론에 의해 영감을 얻을 수 있다면 그들은 과학이라는 창을 통해 새로운 사고의 세계를 경험할 수 있을 것이다.

빅데이터 분석 블록체인과 인공지능 같은 영역에서의 기술적 진보는 현 시대의 문제들에 대한 해결책을 제시해 줄 수 있다. 이러한 기술이 발달하는 속도는 실로 엄청나다. 전 세계를 둘러보면, 보다 나은 세상을 만드는데 필요한 해결책을 찾는데 이러한 기술들이 혁신적인 방법으로 사용되기 시작했다는 것을 볼 수 있다. 새로운 기술의 통합과 플랫폼의 목적이 오늘날의 세상을 발전시키는데 기여할 것이다.

변호사들과 광고 기획자들은 자신의 의뢰인들을 신뢰시키기 위해 적절한 과학 용어를 사용하며, CSI 같은 TV 드라마는 사건의 진실을 찾기 위해

법의학을 찬미하기도 한다. 그러나 실제 세계의 과학은 그렇게 매혹적이진 않다. 과학자들은 확실한 연구 결과를 얻기 위해 엄청난 투자를 한다. 과학자들은 또한 그들 연구에 태생적인 한계가 있다는 것을 잘 알고 있다. 과학의 영역에는 무수히 많은 의문이 존재한다. 가장 잘 확립된 이론조차도 훗날 재검토될 수 있으며 오류로 밝혀질 수도 있다.

과학의 발전에는 재정 지원이 절대적으로 필요하다. 현대 사회에서 과학정책에 영향을 미치는 관료들은 연구와 개발의 지원에 필요한 논리를 늘 바꾸려고 한다. 그들은 과학의 역할에 대해 패러다임 전환을 요구한다. 관료들은 과학계에 주는 연구비의 패턴을 바꾸고자 한다. 그들의 의도는 좀 더 강한 경제, 그리고 눈에 띄는 성과를 낼 수 있는 프로그램으로 연구 방향이 돌려지길 원한다. 이런 면에서 <정책을 위한 과학>이 아니라 <과학을 위한 정책>으로의 사고의 전환이 절실히 요구된다.

15 과학의 대중화

BBC TV를 보면 90이 넘은 노신사가 자연사 관련 프로그램을 진행하는 것을 종종 볼 수 있다. 이 노신사는 <대이비드 애튼버러>(David Attenborough)로 지난 60년 동안 전 세계의 수많은 시청자들에게 다양한 생물의 생활양식, 행동과 적응에 대해 이야기하였다. <애튼버러>는 케임브리지의 클레어 칼리지에서 수학한 후 1952년에 BBC의 방송연수과정을 거쳐 프로듀서가 되었다. 그는 1954년에 파충류관의 관장인 <잭 레스터>와 함께 동물원과 야생의 동물을 담은 〈동물원을 찾아서〉 시리즈물을 제작했다. 이후 <지구의 생명>, <살아있는 지구>와 <생명> 등을 포함한 훌륭한 시리즈물을 선보였는데 동물과 인간의 행동, 민속학, 고고학, 관광 그리고 정치 영역까지를 필름에 담았다. <애튼버러>는 이러한 프로그램을 통해 과학의 대중화에 지대한 기여를 하였으며, 교육 프로그램의 범위를 확대시켰다. 자연사 연구에 기여한 <애튼버러>의 공을 기려 15개의 종(種과) 속(屬)의 이름에 <애튼버러> 들어 있다. 그를 기려 명명된 식물로는 브레콘비콘스 국립공원에서 발견된 고산조밥나물인 *Hieracium attenboroughianum* 와 세계에서 가장 큰 낭상엽 식충식물인 *Nepenthes attenboroughii* 등이 있다.

<애튼버러> 같은 과학의 아웃사이더가 과학을 대중화시켰다는 점은 특별하다. 과학의 대중화를 위해서는 다양한 매체를 통해 과학을 일반인의 영역 내로 끌어들이려는 노력이 필요하다. <거의 모든 것의 역사>의 저자인 <브라이슨>(Bill Bryson) 역시 과학자가 아니라 작가이다. 그 자신의 표현을 빌자면, <브라이슨>은 과학에 대해 상당히 무지하다. “나는 양성자 또는 단백질이 무엇인지 몰랐고, 지질학자가 협곡 벽의 암석층을 어떻게 조사하는지 이해하지 못했으며, 그것이 얼마나 오래됐는지 여러분에게 설명할 수

도 없다"고 <거의 모든 것의 역사>의 서문에 적었다. 그러나 <브라이슨>은 많은 현상에 대해 강렬한 호기심을 가지고 접근하여 훌륭한 과학 대중서를 출판하였다. 호기심 많은 어린이들을 <작은 과학자>라 부르는 이유가 여기에 있다.

<라이트먼>은 사람들이 초보일 때 눈과 귀가 가장 활짝 열려 있으므로 과학자건 예술가건 초보자의 자세를 유지하는 것이 매우 중요하다고 하였다. 초보자는 어떤 선입견도 없기 때문에 대부분의 과학자에게 있어서 최고의 업적은 그들의 젊은 시절에 이루어진 것이 많다. 젊을 때는 이미 알려진 법칙이 강요하는 전통이나 도그마가 별로 없고 어떤 의문도 제기할 수 있기 때문이다.

이런 면에서 특정 학문 분야에 정통해 있으면서도 기존의 틀에서 벗어난 시각을 지닌 학문적 아웃사이더가 필요하다. 객관성에 대한 논의에서 <알바타>는 불변의 개념이 존재한다는 생각은 사회, 예술, 과학 등 모든 분야에서 매우 위험하다고 지적하였다.

현재 대부분의 학교 교육에서 학생들에게 논쟁과 조사방법 등을 교육하지 않는다. 학생들은 연역법과 귀납법 사이의 본질적 차이, 임계실험의 개념 또는 필수 대조군에 대해 교실에서 배운 적이 거의 없다. 그렇기 때문에 학생들은 수학과 과학으로부터 괴리되어 있고, 그로 인해 명백한 추론에 의해 분석적인 질문을 하고 답을 이끌어내는 일에 서투르다. 비판적 사고에 대한 강조가 적고 기계적 암기에 의한 학습을 강조한 결과 학생들은 과학에 대한 흥미를 잃게 된다.

최근에 수능 출제범위 개편안이 발표되었다. 핵심은 언어와 매체, 기하, 과학II 등을 수능 출제 범위에서 배제하는 것이다. 이러한 과목들이 수능에서 배제된다면 학교 현장에서 정상적인 교육이 이루어질 것인가? 수학과 과학교육이 왜 필요한지에 대한 이해 없이 산술적으로 과목 축소에만 초점을 맞춘다는 것은 있을 수 없는 일이다. 과학은 논리적 사고 능력 배양을 통해 인간의 품위를 높일 수 있는 본연의 역할을 갖고 있다. '학생들의 부담을 덜어준다는 차원에서 수학과 과학의 수준과 교육 범위를 낮추겠다'는 방식은 지양되어야 하며 과학계의 폭넓은 의견수렴이 필요하다. 과학과 사회는 공동 진화해간다. 성공적인 새로운 산업의 출현은 과학의 발전에 의해 제공되며, 이것이 미래의 경제적 번영을 약속하는 길이다. 이제는 '국가처럼 사고'하는데 익숙해진 관료들의 과학교육 정책에 대한 혁명적인 인식 전환이 필요할 때이다.

과학은 지속적인 탐구, 철저한 자기-비판적 태도와 신중한 방법으로 획득한 증거에 기반을 둔 방법론이자 철학이다. 과학은 우리 주변의 모든 현상에 대해 보편적인 시야를 제공해줄 수 있다. 과학은 지식의 경계를 밀어내 끊임없는 지식축적을 가능하게 한다. 사람들이 과학을 일상 속에서 접할 수 있고 과학적 방법론에 의해 영감을 얻을 수 있다면 그들은 과학이라는 렌즈를 통해 새로운 사고의 세계를 경험할 수 있을 것이다.

프랑스 과학자이자 작가인 <휘기에>(Louis Figuier)(1819~1894)는, 과학은 태양으로 모든 사람이 과학의 따뜻함과 깨달음에 더욱 가까이 가야만 한다고 하였다.

16 호모 엑스와 호모 버티컬리스

지구상에는 엄청난 종류의 생명체가 존재한다. 생명체에 이름을 붙이고 분류하는 일은 스웨덴의 박물학자인 <린네>(Carl von Linne)에 의해 시작되었다. 린네는, 앞에는 속명(屬名)을, 뒤에는 종명(種名)을 배치하는 이명법(二名法)을 고안하여 종을 분류하였다. 린네는 <자연의 체계>(Systema Naturae) 10판에서 현생 인류 종을 호모 사피엔스(*Homo sapiens*)라 명명하였으며, *europaeus, afer, asiaticus*와 *americanus*를 지리적 아종으로 제시하였다. 이런 이명(異名)은 생명체의 특징이나 서식지를 나타낸다.

인류는 원시세대로부터 연속적으로 이어져 왔으며, 그들이 사는 환경에 따라 후손 세대는 미적(美的) 정서, 사회적 행동과 생리적 기능 등에서 중요한 차이를 나타내며, 이러한 변화를 진화라 한다. 인류는 <호모 하빌리스(*Homo habilis*)>, <호모 에렉투스(*Homo erectus*)>, 그리고 <호모 사피엔스>를 거쳐 현재는 <호모 엑스(*Homo x*)> 세대에 이르고 있다. <다윈>(Charles Darwin)의 진화 이론과 함께, 현재까지의 사회적, 문화적 그리고 생물학적 기록에 따르면, 우리의 자녀를 포함한 젊은 세대들은 이전 세대보다 훨씬 고등하거나 우리와 많은 면에서 다르다는 것을 알 수 있으며, 이들을 <호모 엑스>라 은유적으로 표현하고 있다. 이런 <호모 엑스> 세대의 출현은 먹거리 및 육아로부터의 해방, 기술의 획기적인 발달, 지식의 대량 축적 및 용이한 접속 등 여러 면에서 고찰할 수 있을 것이다. 은유적으로 표현하면, 현재의 우리 기성 세대가 변화하는 환경을 끊임없이 따라잡지 않으면 <호모 엑스>인 자식 세대와 서로 다른 종으로 구별될 것이다.

인류의 진화는 인류가 생활하는 사회 및 공간과 밀접하게 연관되어 있다. 산업혁명과 그에 따른 자본의 축적 및 집중에 따라 도시화가 빠르게 진행되었으며 지금은 거의 폭발 단계에 이르렀다. 현재의 도시는 대량 오염, 교통 체증과 인구 과밀이라는 수렁에 빠져 있는 동시에, 강렬한 지적 성장과 사회적 창의성이 생성되는 곳이기도 하다. 미래의 지속가능한 도시에 대한 유토피아적 시각에서, 도시 공간은 사회적 결합을 촉진하여 창의성을 자극하고, 인간 정신을 자유롭게 할 것이다.

일부 경제학자들은 인간이 체계적인 계획과 합리적인 판단에 기초하여 목표 달성을 위해 최선을 다한다는 의미에서 <호모 이코노미쿠스(*Homo economicus*)>라는 경제적인 용어를 사용하기도 한다. 이와 유사하게 <보파나이스>(Roland Bouffanais) 등은 <사이언티픽 아메리칸> 최신호에서 <호모 버티컬리스(*Homo verticalis*)>란 용어를 사용하였다.

현대의 대도시는 고층 건물들로 채워져 있으며, 새로운 고층 건물들이 계속 세워지고 있다. 고층 건물은 인간의 도시 집중에 대응하는 효과적인 방법이고, 운송 수단의 비효율성을 극복하기에 적합한 형태이기도 하다. 고층 건물로 이루어진 수직 도시에 사는 인간들은 3차원으로 구성된 도시를 상하 그리고 횡적으로 이동한다. 우리는 일상적인 이동을 위해 승강기를 이용하거나, 계단이나 에스컬레이터를 통하여 이동한다. 이러한 수직 이동 패턴은 인간의 삶을 규정할 것이며, 이런 면에서 현대의 <호모 사피엔스>를 <호모 버티컬리스>라 부를 수 있을 것이다.

<호모 버티컬리스>는 수직 도시의 본 모습을 자유롭고 편하게 바라보며 돌아다닐 수 있을까? <보파나이스>에 따르면 그렇지 않다. 쇼핑몰의 에스컬레이터는 뚜렷한 상업적 동기에 따라 고객의 배회를 제한하는 전략적 위치에 설치되어 있다. 19세기 프랑스의 시인인 <보들레르>(Charles Baudelaire)는 도시를 배회하면서 광활한 공간을 탐색하는 동안 완전한 자유를 즐기는 <플라뇌르>(flâneur)를 묘사하였다. 이런 면에서 <호모 버티컬리스>는 진정한 <플라뇌르>가 될 수 없으며, 정해진 경로와 정해진 운명의 기계적 삶을 영위할 것이다.

17 중국의 과학 굴기

중국은 세계를 선도하는 과학대국이 되고자 엄청난 투자를 하고 있다. '한해를 계획하면 벼를 심고, 십년을 계획하면 나무를 심고 백년을 계획하면 어린이에게 투자하라'는 중국 격언이 있다. 이 격언은 7세기에 나온 얘기인데 지금도 그대로 적용되고 있다. 그러나 다음 세대를 교육한다는 의미는 변하였다. 현대 세계에서 젊은이들이 제 역할을 하기 위해서는 교육의 많은 부분이 과학적 사고 능력 배양에 투자되어야 한다. 중국은 장기간의 과업인 과학과 과학교육에 과감한 투자를 하고 있다.

중국의 각 연구기관들은 최신 시설을 갖추고 기초연구와 함께 최신기술의 개발에 초점을 맞추고 있다. 지난 30년 이상, 중국의 R&D 기금은 30억 달러에서 4,000억 달러로 증가되었다. 중국은 연구에 매년 2,000억 달러 이상을 지출하고 있는데, 이 정도의 투자는 미국 다음으로 많은 것이다. 중국 정부는 <13차 5개년 개발 프로젝트>에 포함된 국정과제의 상위에 뇌과학, 유전자 과학, 빅데이터와 의료 로봇 같은 과학-기반 혁신사업을 올려놓았다.

2017년에 중국에서 발표된 과학논문은 미국을 앞질러 17,000편 이상이 발표되었다. 중국 과학자들은 그들의 경력을 대부분 중국 내에서 만들어가고 있다. 물론 아직도 미국 또는 유럽의 실험실에서 경험을 쌓고자 하는 욕구들이 있지만 많은 <박사후 연구원>들이 중국으로 돌아오고 있다. 이 점은 우리나라와 뚜렷이 구분되는 부분이다.

중국 과학혁명이 가능한 또 다른 이유는 매년 약 250만 명 이상의 학생이 과학, 기술, 공학과 수학 분야의 학과에 진학한다는 것이다. 이 숫자는 미국보다 약 5배 많다. 과학과 공학 분야에서만 중국은 매년 거의 3만 명의 박사를 배출하고 있다. 동시에 정부는 외국에 체류중인 중국 과학자들을 유치하고 있는데, 2008~2014년 중반까지 진행된 '천인인재'(Thousand Talents) 프로그램을 통해 4,000명 이상이 중국으로 돌아왔다. 최근 중국은 '과기혁명'을 강조하고 있으며, 상하이 엑스포는 정부의 관점을 잘 보여준 예이다. 과기혁명은 순수과학보다는 응용에 초점을 맞춘 실용주의를 반영한 것으로, 중국의 '과기혁명'은 유럽에서 일어난 17세기 과학혁명의 또 다른 버전이다.

미국과 유럽이 아직도 앞서고 있는 분야는 민간 공익재단 같은 민간 분야의 투자다. 역사적으로 볼 때 이것이 과학혁신을 이뤄낸 주된 동력이었다. 19세기에 <캐번디시>(Henry Cavendish) 가문은 <캐번시디 연구소>에 거금을 기부하였다. 이후 이 연구소는 뉴런에서부터 DNA 이중나선에 이르는 많은 혁명적인 발견을 이루었다. 동 시대에 록펠러, 구겐하임과 카네기도 자신들이 설립한 공익재단을 통해 국제적으로 우수한 과학자들을 지원하였다. 국립보건원 같은 정부기관에서 제공하는 연구비가 주된 원천인 20세기 후반조차도 민간 연구기금은 여전히 주된 역할을 수행하고 있다.

미국 대학의 많은 학과와 연구소들은 기부금과 비영리 연구센터의 연구비에 의지하고 있으나, 중국에는 그런 사례가 없었다. 그러나 최근 이 방면에 변화가 생기고 있다. 중국 사업가들 중 일부가 중요한 발견을 이룬 물리학자, 생명과학자, 기계 및 컴퓨터 과학자들을 지원하는 '미래 과학상'을 제정하였다. 이것은 2012년에 실리콘 밸리의 상위 기부자들이 기초과학의 중요성을 인식하여 설립한 '브레이크스루상(Breakthrough Prize)'을 모델로 하고 있다.

중국의 민간 과학기금의 조성은 과학발전에 큰 활력을 불어넣을 것이다. 지난 세기의 역사를 볼 때, 과학의 발전은 과학 및 교육의 생태계에 공공, 민간 및 비영리 기관 등 3 유형의 투자가 이루어질 때 가능하다. 이에 비해 국내의 대기업들은 기초연구는 대학 및 연구기관에 미루고, 오직 선진 기술 따라잡기에 집중하고 있다. 이런 분위기에서 <서경배 과학재단>이 출범한 일은 우리나라에서도 민간기금에 의한 연구 동력의 확보 차원에서 매우 바람직한 일이다. 이 재단은 기초과학 연구의 중요성과 지속적 지원의 필요성을 바탕으로 설립한 공익재단이다. 재단은 생명과학 분야의 창의적인 연구를 지원해 과학의 발전과 인류의 삶의 질 향상에 이바지할 것을 목표로 하고 있다.

Ⅱ. 생물학과 인류

18 인간의 페로몬

1930년대에 곤충학자인 <베테>(Bethe)가 곤충의 체내에서 분비되는 것을 '내호르몬'으로, 체외로 분비되는 것을 '외호르몬'으로 명명하였다. 후에 외호르몬은 종내 효과를 보이는 화학물질인 '동종 호르몬'과 종간 효과를 보이는 '이종 호르몬'으로 세분화되었다. 1959년에 <칼슨>(Karlson)과 <러셔>(Luscher)는 동종 호로몬을 페로몬이란 용어로 대체하였다. 이들은 페로몬을 "동일종의 각 개체들이 체외로 분비하는 물질로 행동 또는 발생과정을 한정하는 등의 특이한 반응을 유도한다"고 정의하였다. 이들은 후각을 통해 작용하는 페로몬과 구강 또는 소화관을 통해 작용하는 것들을 구별하기도 했다. 전자는 즉각적인 반응을 일으키나 후자는 많은 사회생활을 하는 곤충들의 계급-결정 물질 같은 내분비 또는 생식적 효과를 지연시킨다.

1960년대와 1970년대에 이르러서는 페로몬 개념이 포유동물에까지 일반화되었다. 1961년에 <파크스>(Parkes)와 <부르스>(Bruce)는 일부 호르몬과 이산화탄소 같은 또 다른 흥분성 물질인 <화학 메신저>가 개체 내에서 작용하지만, 페로몬은 섭취, 흡수 또는 감각 수용체를 통해 개체들 사이에 작용한다는 것을 밝혔다.

인간을 포함한 동물들은 많은 화학물질을 감지하고 구별하는 후각계를 가지고 있다. 과학자들은 곤충을 포함한 일부 동물들이 오일 또는 땀 같은 화학물질을 분비하여 다른 생물이 이들 화합물을 감지하고 반응한다는 사실을 오래전에 밝혔다. 그 동안 페로몬이란 용어의 정의에 대해서 많은 논란이 이어져 왔으나 일반적으로는 동일 종(種)의 개체들 사이에 신호를 전달하는 단일 또는 작은 단위의 화합물로 알려져 있다. 호르몬은 곤충이나 동물이 발산하는 후각 분자의 큰 포푸리(potpourri)의 일부로 일부 페로몬은 감지할 수 있는 냄새가 없기도 하다.

1959년에 페로몬이 최초로 정의된 이래 과학자들은 페로몬을 이용한 교신의 예들을 많이 발견하였다. 이러한 신호는 즉각적인 행동적 반응을 나타낸다. 암컷 누에나방은 봄비콜(bombykol) 분자의 냄새를 분비하는데, 이것은 정확하게 만나야 될 순간에 수컷을 불러 모은다. 느리게 작용하는 페로몬은 수용자의 생식생리에 영향을 미칠 수 있다. 예를 들어, 수컷 생쥐의 오줌에 존재하는 알파-파네신(alpha-farnesene) 분자는 어린 암컷 생쥐의 사춘기를 촉진한다.

많은 연구자들이 페로몬의 존재 가능성을 연구해왔으나, 진정한 성 페로몬의 분리까지 이어지지는 못했다. 성 페로몬은 한 개체가 분비하여 상대성의 개체를 유인하는 화학신호인 페로몬으로 그들과 교미하거나 성적 번식과 밀접하게 관련된 다른 기능을 수행하는 것을 촉진한다.

다른 척추동물처럼 인간도 소변, 대변, 호흡, 생식기, 타액과 피부샘 등을 통해 많은 화학물질을 방출하거나 분비한다. 대부분의 인간 페로몬 개념 옹호자들은 피부샘이 활성적인 페로몬 물질의 원천이라 가정한다. 아포크린 땀샘, 에크린성 땀샘과 피지샘 같은 3개의 주요 피부샘은 냄새 나는 화학물질을 생성할 수 있다.

일부 연구자들은 사람의 안드로겐-연관 스테로이드가 페로몬 물질일 것이라 추정한다. 일부 신경생물학자들은 서골비기관(VNO)이 여러 포유류 및 척추동물의 비강 격벽의 아랫 부분에 존재하는 화학감각 구조로 페로몬 수용체라 주장한다. 인간도 흔적적인 서골비기관을 갖고 있다는 증거에 무게가 있으나, 일부 그룹은 이 작은 주머니는 성적이형 유형에서 화학물질에 반응하는 조직이라 주장하였다.

성인은 다른 동물처럼 페로몬 신호를 가공하는 기능적인 서골비기관이 없기 때문에 인간에서 호르몬의 역할은 불확실하다. 후각계에서 페로몬이 검출될 수 있어도 그들의 냄새 감각은 매우 미약하다. 페로몬은 거의 모든 신체 분비물에 존재할 수 있으나, 가장 관심을 받는 것은 냄새나는 16-안드로스틴(16-androstene)이 포함된 겨드랑이 땀이다.

여성에서 분비되는 잠재적인 페로몬의 일종인 에스트라테트라엔올(estratetraenol)은 임신 중인 여성의 소변에서 최초로 검출되었다. 스테로이드성 화합물의 일종인 안드로스타다이엔온(androstadienone)은 남성의 땀에 매우 높은 농도로 존재하고 여성에서도 검출되었다. 이 화학신호는 겨드랑이 땀 같은 다른 분비물에도 존재한다. 일반적으로 에스트라테트라엔올의 효과는 안드로스타다이엔온의 효과보다 작지만 같은 기능을 발휘한다. 에스트라테트라엔올은 이성애(異性愛) 여성에게 인지 가능한 효과를 나타냈다.

안드로스타다이엔온을 여성의 윗입술에 적정량 처리한 결과 무드가 좋아졌고 감정 정보를 포착하는 것이 훨씬 민감해졌다. 긍정적인 무드는 여성의 성적 반응을 촉진시키고, 성적 만족을 향상시킨다고 알려져 있다. 일부 연구 결과, 안드로스타다이엔온은 성적 욕구 및 각성에 유익한 효과를 갖고 있다는 것도 밝혀졌다. 그러나 이런 효과는 남성 참가자의 존재 같은 실험적 구성 요소에 따라 달라진다. 일부 자료는 16-안드로스틴 페로몬, 특히 안드로스타다이엔온이 여성의 무드, 집중, 성적 반응 그리고 배우자 선택에 있어서 유익한 효과를 미친다는 것을 보여주고 있다.

인간은 고도로 시각적 자극에 의존하는데, 어느 정도는 냄새도 인간의 성적 행동에 영향을 미친다. 인간은 참가자에게 요구되는 청결과 무취 때문에 인간의 페로몬에 대한 연구는 상당히 어렵지만, 세 종류의 잠재적인 인간 페로몬인 겨드랑이 스테로이드, 질 지방족 산, 서비골기관의 자극제 등에 대해 실험이 집중돼왔다. 인터넷 상에서 <페로몬 제품>을 탐색하면, 많은 스프레이 제품과 방향 첨가제를 볼 수 있으며, 이들 제품은 상대방 성에 대해 여러분의 성적 매력을 증가시킬 것이라 광고하고 있다. <아테나 연구소> 같은 일부 회사는 그들의 주장을 뒷받침하는 과학적 연구 결과를 주장하고 있다. 인간의 겨드랑이에서 추출한 화합물의 효과를 검증하기 위해 행해진 많은 실험은 주로 성과 연관된 것으로 아직은 모든 것이 회의적이다.

페로몬의 존재 및 효과가 많은 동물계에서 밝혀졌다 하더라도, 인간에서 그러한 분자의 존재는 여전히 논쟁거리이다. 1986년에 <커틀러>(Cutler)와 그녀의 동료들은 호르몬과 행동에 대한 여러 연구를 통해 남성과 여성의 겨드랑이 분비물 모두가 여성의 월경주기를 변화시킬 수 있다고 보고했다. 이러한 발견은 여러 언론을 뒤덮었는데, 예를 들어 <워싱턴 포스트지>는 "인간에게서 발견된 페로몬"이란 타이틀로 이 연구팀이 인간에게서 페로몬의 존재를 최초로 밝혔다고 보도했다. 그러나 신문은 인간의 페로몬은 성적 유인제가 아니고, 다른 동물에서처럼 거의 즉각적으로도 작용하지 않는다고 보도했다. 대신, 인간의 페로몬은 몇 주 또는 몇 달 후에 여성의 월경주기 타이밍을 변화시키는데 작용한다고 하였다.

앞선 연구 결과를 바탕으로 <커틀러>는 <아테나 연구소>를 설립했고, 몇 년 뒤에 2개의 페로몬 상품 즉, 여성용인 <페로몬 10:13>과 남성용인 <아테나 페로몬 10X>를 출시하였다. 이들 화합물은 이전에 보고된 겨드랑이 추출물로부터 분리한 화학물질을 합성한 것이다. 회사는 이 상품을 가지고 이중-맹검 시험, 위약-조절 연구 등을 행하였는데, 남성용은 <커틀러>와 그녀의 동료들이 38명의 남성을 대상으로 시험을 진행하였고, 여성용은 서로 다른 두 집단의 연구자들에 의해 행하여졌다. 페로몬 처치를 받은 세 집단의 연구 결과 모두에서 키스, 일반적인 데이트, 성교를 포함한 성적 행동의 빈도가 증가되었다고 보고했다.

이런 그럴듯한 결과에도 불구하고, <프레티>(Preti)는 회의적이다. 여대생들을 대상으로 한 연구에 대해 "나는 이 보고서에 흥분하지 않으며 이 미스테리한 화학물질에 회의적이다"라고 주장하였다. 페트리는 커틀러와 함께 겨드랑이 추출물이 월경주기에 효과가 있다는 논문의 공동 저자인데, 지금은 강하게 그 효과를 의심하고 있다. 그의 결론은, <아테나 연구소> 제품의 효과에 대해 과학자들이 그러한 효과를 재현할 수 없다는 것이다.

과학자들은 신체의 냄새에 노출되면 다른 사람에게서 반응을 일으킨다는 것을 알고 있다. 설치류를 대상으로 한 연구 결과와 유사하게, 사람의 땀과 분비물도 다른 사람의 성적 반응에 영향을 줄 수 있다. 1970년대 이래, 연구자들은 한 여성이 다른 여성의 땀에 노출되면 월경주기가 변한다는 것을 관찰해왔다. 2011년에 행해진 플로리다대학 연구 집단의 연구 결과에 따르면, 배란중인 여성의 냄새가 남성의 테스토스테론 수준을 높일 수 있다는 것이 밝혀졌다. 그러나, 인간이 생성한 화학물질에 일관되고 강한 행동적 반응을 보인 증거는 없다. 이 문제에 대한 답을 찾으려면, 잠재적 호르몬에 대해 효과를 증명할 수 있는 명확한 행동적 또는 내분비적 효과를 측정할 수 있어야 된다.

19 감정의 전이

여러분은 기분이 좋지 않아 보이는 사람 곁에 있어 본적이 있을 것이다. 그 사람 곁에 계속 있다 보면 여러분도 결국 기분이 나빠지지 않을까? 당신이 낄낄거리는 어린이들 주위에 있다면, 웃음을 참으려고 애쓰는 자신의 모습을 보게 될 것이다. 연구 결과 인간은 다른 사람들과 오랜 시간을 보내다 보면, 결국 그들의 감정이 당신에게 전이되는 '감정전이'가 일어난다는 것을 보여주고 있다. 어떤 사람이 당신에게 씩 웃는다면 당신도 그에게 미소를 짓지 않을 수 없는 이유이다.

인간이 다른 사람의 얼굴 표정을 흉내 낼 때 인간은 그 표정 뒤의 감정을 경험하기 시작한다. 이 현상은 1872년에 <다윈>(Charles Darwin)이 관찰한 것으로, 후에 철학자인 <제임스>(William James)가 감정은 신체 변화의 정신적 인식이라 제안했다. 이 개념은 신경과학자인 <다마시오>(Antonio Damasio) 등에 의해 최근까지 확장되어 왔다. 다마시오는 주장하기를 맥박의 증가, 근육의 수축 또는 동공의 확장 같은 감정의 신체적 지각이 뇌에서보다 선행한다고 하였다. 달리 표현하면, 생리가 감정을 결정한다고 할 수 있다. 감정전이는 모든 인간 사회에서 일어나는 상호작용의 자연적인 특성이라 할 수 있다.

오랫동안, 과학자들은 사람들이 다른 사람들의 감정 표현을 무의식적이고 자동적으로 흉내 내는 경향에 대해 연구해왔다. 우거지 상을 짓거나, 미소 또는 다른 종류의 감정 표현은 뇌로 하여금 그러한 감정을 우리 자신의 감정으로 해석하도록 유발한다. 인간도 다른 동물들처럼 선천적으로 다름 사람의 감정을 흉내 내려고 한다.

웃음이 전이 된다는 것은 잘 알려진 사실이다. 어떤 사람이 '동정심이 발동되는 사람'이라 했을 때, 그 말은 그 사람이 누군가가 울고 있는 모습을 보았다면, 그 사람이 울 이유가 전혀 없을 때조차도 그 역시 울려고 한다는 것을 의미한다. 시카고대학의 <인지 및 사회 신경과학 센터>의 <카치오포>(John T. Cacioppo)는, 표현을 잘 하는 사람은 다른 사람의 표현을 더 잘 알아차리고, 흉내를 잘 낸다고 설명한다. 그는 인간의 얼굴과 신체의 근섬유가 자신도 모르는 사이에 활성화될 수 있다는 것을 밝혔다. 이런 근육운동은 차례로 뇌에서 실제적인 느낌을 유발한다고 알려져 있다.

감정 전이는 <거울 신경세포계(mirror neuron system, MNS)를 구성하는 뇌 세포의 상호연결된 네트워크에 의해 일어난다. 거울 신경세포는 사람이 행동할 때와 다른 사람이 행하는 동작을 관찰할 때 활동전위를 생성한다. MNS는 인간의 안면 표현, 신체 언어, 동공의 움직임 같은 세밀한 것을 기록하는 카메라와 유사하다. 행복해하고 환하게 미소 짓는 사람 곁에 있다면, 여러분의 MNS는 이러한 항목을 수집할 뿐만 아니라 동일한 특성을 표현하도록 신호를 보낼 것이다. MNS는 또한 행복한 사람의 감정 상태를 반영하는 것을 돕는 뇌의 감정 영역을 갖고 있다. 이렇기 때문에 여러분이 더 행복해지고 싶으면, 여러분 자신이 다른 행복한 사람들과 함께 하면 좋을 것이다.

<임상 정신과학>에 발표된 내용에 따르면, 연구자들은 720명의 건강한 사교적인 음주자들을 알코올 음료, 비알코올 음료, 그리고 플라시보 음료를 마시게 하는 세 집단으로 나누었다. 연구자들은 이들 세 집단의 참가자들에게 규칙적인 간격으로 위 음료들을 마시게 하였다. 그 결과, 알코올을 마신 남성들은 알코올을 전혀 섭취하지 않은 집단보다 훨씬 많이 미소를 지었으며 남성 집단에서만 그런 현상이 나타났다. 그러나, 남녀 혼합 집단 그리고 여성 참가자들은 비알코올 섭취 집단 및 플라시보 음료 섭취 집단보다 미소를 짓는데 전혀 전이성이 없었다.

행복만 전이될 수 있는 감정은 아니다. 배우자가 우울증에 빠져 있다면, 그의 파트너도 우울증에 빠지게 하며 이런 현상은 룸메이트에서도, 우울한 부모에 의해 어린이조차도 우울해질 수 있다. 사실, 가족 중 한 사람의 우울한 감정조차도 전체 가족의 감정을 우울하게 할 수 있다. 근심과 공포 같은

다른 감정도 동일한 효과를 갖는다. 결과적으로 많은 부정적 감정을 오랫동안 갖게 되면, 그런 사람과 함께 생활하는 사람들의 건강과 웰빙에 심각하고 지속되는 부정적 효과를 줄 수 있다.

감정 전이는 면대면(面對面) 상호작용처럼 직접 연관되어 있지는 않으나, 소셜 미디어처럼 사람들에게 영향을 미칠 수 있다. 특정 사이버 공간에서 긍정적인 포스트를 제거하면, 이후 긍정적인 포스트보다 부정적인 포스트가 훨씬 많이 이어진다는 보고가 있다. 부정적인 포스트를 제거하면 반대의 효과가 나타난다. 이러한 결과는 다른 사람들이 표현한 감정이 우리 자신의 감정에 영향을 미친다는 것을 보여주고 있다.

감정 전이는 선한 쪽과 나쁜 쪽 모두에 힘을 가지고 있다. 감정 전이의 특성은 인류에게 오랫동안 존재해왔으며, 인류가 언어를 개발하기 전에 서로를 이해하는데 도움이 되었을 것이다. 감정 전이는 그들 앞에 놓인 위험으로부터 또는 잠재적인 위험으로부터 생존에 필요한 동일한 느낌을 통해 공포를 인식하는데 도움이 되었을 것이다. 대부분의 사람들은 다른 사람의 감정 작용에 주의를 기울임으로써 그 사람에 대해 더 많은 것을 알 수 있다. 얼굴 표현, 제스처, 목소리 크기 같은 단서들은 그 사람의 기분이 어떤지를 알게 해 준다. 인간이 다른 사람의 감정 상태에 초점을 맞추는 상황에서 인간은 다른 것에 대해 거의 주의를 기울이지 않는다. 감정은 전염성이 매우 크기 때문이다.

부정적 감정의 전이는 무엇일까? 부정적인 감정과 그 효과는 슬픔, 우울증과 피로를 수반하고, 활력을 떨어뜨리며 스트레스를 주는 등 파괴적이다. 이러한 부정적 효과 때문에 우리는 부정적인 사람을 피해야하지 않을까? 감정 전이는 인간에게 실제적으로 작용되는 보편적인 현상이다.

인간의 감정은 사회적 접촉에 의해 크게 영향 받는다. 사회적 네트워크는 인간의 행동을 이해하는데 매우 중요하다. 1994년에 미국 하와이대학 <햇필드>(Elaine Hatfield) 등이 정의한 <감정의 전이>는 가족, 룸메이트, 팀메이트 같은 매우 밀접한 사람들 사이에서 짧은 시간 동안 일어난다고 하였다. 협력, 협상과 성공적인 리더십 같은 일터에서의 상호작용이 진행되는 동안 긍정적 및 부정적 무드가 확산될 수 있다. 긍정적 무드의 확산은 개인 간의 관계에서 중요한 요소이며, '미소를 동반한 서비스' 기법은 잘 알려진 예이다. 우울한 무드와 증후군은 미디어와 낯선 사람 또는 잘 아는 사람과의 개인적 접촉 모두에 의해 전이될 수 있다. 긴 시간으로 보면, 임상적으로 우울한 상태도 사회적 접촉을 통해 확산될 수 있다.

당신의 가족과 친구가 행복하다면, 당신도 행복해질 것이다. 이 상관관계는 개인과 개인 사이에 확산되는 행복의 유도 효과에 의해 부분적으로 일어날 수 있다. 따라서 행복은 사회적 감염의 한 형태라 생각할 수 있다. 감정의 전이는 각 개인 사이의 감정적 동조를 불러일으키기 때문에 개인 관계에서 매우 중요하다. 감정의 전이는 개인 또는 집단이 감정 상태와 행동적 태도의 의식적 또는 무의식적 유도를 통해 다른 사람 또는 집단의 감정 또는 행동에 영향을 미치는 과정이다. 이러한 행동은 인간과 다른 영장류 그리고 개에서도 발견된다. 햇필드 등이 주장한 견해에 따르면, 다른 사람에 대한 어떤 사람의 표현, 발성, 자세 그리고 동작의 자동적 모방과 동조화를 통해서 이런 일이 가능하다고 한다. 사람들이 동료의 감정 표현을 무의식적으로 따라할 때 그들은 동료의 감정과 같은 감상을 느낄 것이다.

20 여성의 장수

여성이 남성보다 오래 사는 것은 일반적인 현상이다. 미국의 경우, 남성의 기대수명은 73.4세이고 여성의 기대수명은 80.1세로 6.7년의 차이가 난다. 프랑스는 7.8년, 영국은 5.3년, 러시아는 12년이나 남녀 간의 기대수명에 차이가 난다. 그러나 인도에서는 0.6년, 방글라데시에서는 0.1년의 차이밖에 나지 않는다. 나라마다 수명에서 차이가 나는 것은 성별 사이의 사망률 차이뿐만 아니라 각 나라마다 존재하는 사회적 요인이 관여한다고 볼 수 있다.

일반적으로 여성이 남성보다 오래 살지만 항상 그런 것은 아니다. 부유한 나라의 19세기 자료를 보면 여성들이 남성들보다 오래 살지 못했다. 오늘날에는 여성들이 남성들보다 왜 오래 살게 되었을까? 이 물음에 대해서는 증거가 충분하지 않기 때문에 부분적인 답만을 구할 수 있다. 여성의 상대적인 장수는 생물학적, 행동적 그리고 환경 요소 등이 기여할 것으로 여겨지나, 이 세 요소 중 어느 것이 상대적으로 중요한지 정확하게는 모른다.

19세기에는 남녀 간의 수명 차이가 거의 없었는데, 현대 들어 여성이 더 오래 산다는 것은 일부 핵심적인 비생물학적 요소가 변하였다는 것을 의미한다. 이러한 변화를 이끄는 요인은 무엇일까? 일부에서는 남성이 여성보다 흡연과 음주 등 건강에 좋지 않은 생활 습관을 갖고 있다는 등의 상대적으로 간단한 사실을 지적하기도 한다. 다른 요인은 보다 복잡하다. 예를 들어, 선진국 여성들의 상대적 장수는 한 세기 전에는 여성의 수명을 위협하던 감염성 질환이 의학의 발달에 따라 사라지게 되었다는 점을 들 수 있다.

여성의 상대적 장수는 시간에 따라 변해왔다. 미국의 경우, 남성과 여성 모두 1세기 전보다 훨씬 오래 살게 되었으며, 이런 현상은 전 세계적으로 나타났다. 기대수명에서 여성의 이점은 부분적으로 어린이의 높은 생존율 때문일 수 있다. 대부분의 나라에서 어린이 사망률은 소녀보다 소년들이 높다. 어린이 사망률이 높은 가난한 나라의 경우 사망률에서 성별 차이는 기대수명의 차이를 이끌어내는 중요한 요소이다. 그러나 어린이들이 거의 사망하지 않는 부유한 나라의 경우, 그리고 영아 사망률이 매우 작은 경우, 영아 사망률에서의 남성의 불이익이 관찰된 기대수명에서의 차이를 설명할 수 없다.

기대수명에서 여성의 이점은 무엇이며 그것은 시간에 따라 왜 변하였는가? 여기에는 남성과 여성의 염색체와 호르몬에서의 차이가 수명에 영향을 미친다는 증거가 있다. 예를 들어, 남성은 지방이 기관 주위에 즉, 내장성 지방이 많은 반면, 여성은 피부 아래에 직접 존재하는, 즉 피하 지방이 상대적으로 많다. 내장성 지방은 심혈관 질환을 유발할 수 있기 때문에 수명에 관여한다.

그러나, 생물학적 차이는 남녀 간 수명 차이의 일부만을 설명할 수 있다. 현재까지 확정적인 답을 구할 수 없으나 몇몇 단서는 밝혀지고 있다. 예를 들어, 남성들 사이에서 생활 습관의 변화는 사망률 유형에 영향을 미칠 수 있다. 또한 의학의 발달 역시 남성과 여성의 수명에 서로 다른 영향을 미치고 있다.

여성이 갖고 있는 생물학적인 이점은 태어날 때부터 남성의 사망률이 여성의 사망률보다 높기 때문에 확실하다. 출생 후 첫해 동안, 성별 사망률에 영향을 미칠 수 있는 어떠한 외부적 영향이 없는 상태에서, 남성의 사망률은 여성의 사망률보다 25~30% 정도 높다는 면에서 여성의 유전적 이점은 명백하다. 여성의 수명이 남성보다 긴 것은 다른 동물에서도 일반적이다.

여성은 두 개의 XX 염색체를 갖고 있고 남성은 X와 Y 염색체를 갖고 있다. 이 차이는 세포의 수명을 바꿀 수 있다. 두 개의 X 염색체를 갖고 있는 여성은 모든 유전자에 대해 두 개의 사본을 갖고 있는데, 이것은 유전자 중 하나가 잘못될 때를 대비해 여분의 유전자를 가지고 있다는 것을 의미하는데 비해 남성들은 그런 보충이 없다. 성별 사이의 유전적 차이는 생물학적 노화에 대한 저항성과 연관되어 있다. 그 결과 시간의 경과에 따라 보다 많은 세포들의 기능이 제대로 발휘되지 않고 결과적으로 질병에 걸릴 가능성이 높아질 것이다.

여성 호르몬과 생식과정에서의 여성의 역할 역시 수명과 크게 연관되어 있다. 예를 들어, 에스트로겐은 나쁜 콜레스테롤의 제거를 촉진하여 심장질환에 대해 보호 역할을 한다. 또한 여성의 신체는 임신과 수유에 필요한 기관을 갖추고 있으며, 이러한 능력은 신체를 최상으로 유지하는데 반드시 필요하다.

많은 생물학적 그리고 유전학적 요소가 밝혀졌어도 이런 것들의 전체적인 효과는 측정하기 불가능한데, 사망률에 미치는 사회적 요소의 영향은 더욱 그렇다. 18세기 이래 진행되어 온 경제 및 사회적 발달은 남성과 여성 사이의 사회적 차이에 극적인 감소를 초래하였으며, 이전에는 여성의 생물학적 이점을 상실케 하는 엄마로서의 부담을 극적으로 감소시켰다. 그러나 최근의 사망률 유형은 여성에게 새로운 이점을 창출해내고 있다.

산업 국가에서 남성 사망률의 지속적인 증가는 남성에게 전형적으로 많은 '남성 제조 질병'의 증가로 설명한 연구자들이 있다. 여기에는 알코올 중독, 흡연과 교통사고 등 20세기 들어 심각하게 증가한 것들이 포함된다. 남성들의 힘든 육체 및 정신노동은 신체에 더 많은 스트레스를 입히는 것이고, 결국 생명을 단축시키는 상처들이 축적될 것이라는 것이다.

일반적으로 남성이 자신의 신체를 혹사시키는 것은 분명해 보인다. 흡연, 음주와 과식 같은 요소들은 국가마다 수명의 성별 차이가 다양한 이유를 부분적으로 설명해줄 수 있다. 예를 들어, 러시아 남성들은 여성들보다 13년 정도 수명이 짧은데, 이것은 부분적으로 흡연과 음주가 엄청나게 많기 때문일 것으로 여겨진다. 그러나 암컷 침팬지, 오랑우탄 등도 수컷들 보다 오래 산다.

수명의 차이는 사회의 큰 변화에도 불구하고 일정하게 유지되어 왔다. 스웨덴의 자료를 보면, 1800년의 남성의 기대수명은 31년이었고 여성은 33년이었다. 현재는 남성의 기대수명이 79.5년이고 여성은 83.5년이다. 이 두 경우 모두 여성이 남성보다 약 5% 더 오래 산다. 세계 어느 나라건 여성이 남성보다 생존 이점을 가지고 있다는 것은 분명하다.

여성의 상대적 장수는 단순한 크기의 문제일 수도 있다. 덩치가 큰 사람은 그들의 신체에 더 많은 세포가 존재할 것이므로 해로운 돌연변이가 일어날 확률이 더 높을 것이다. 뚱뚱한 사람은 더 많은 에너지를 소비해야 하는데, 이것은 조직 자체 내의 세포들을 낡게 하고 상처를 입게 할 것이다. 남성은 여성보다 덩치가 더 큰 경향이 있으므로 남성의 세포와 조직은 시간의 경과에 따라 더 많은 손상을 받게 될 것이다.

그러나 남성의 상대적 단명의 가장 큰 원인의 대부분은 남성의 특징을 유도하는 테스토스테론에 있을 것이다. 국사편찬위원회 <박한남> 박사는 19세기 조선시대의 환관 81명에 대한 정보를 포함한 궁중생활 기록을 분석하였다. 환관들은 모두 사춘기 이전에 정소가 제거되었는데, 그의 분석에 따르면 환관들은 궁중에 사는 다른 남성들의 생존 기간인 평균 50세 보다 상당히 긴 70세 전후까지 생존한 것으로 나타났다. 환관에 대한 다른 유형의 모든 연구가 이런 두드러진 차이를 보여주는 것은 아니지만, 전반적으로 사람과 동물 모두에서 정소가 제거된 경우 더 오래 생존한 것은 분명하다.

유사하게, 런던 대학의 젬스(David Gems)도 남성의 상대적 장수의 원인으로 사춘기 이전에 행해진 정소 손상을 한 원인으로 지목하였다. 그는, '법집행' 차원에서 강제적으로 거세된 사람들을 조사하였는데 이들은 조선시대의 환관들처럼 거세하지 않은 다른 수감자들보다 더 오래 생존했다.

테스토스테론은 신체를 단기간에 강하게 만드나, 그러한 변화가 인생 후반부에는 심장질환, 감염과 암 같은 것을 유발할 수도 있다. 또한 테스토스테론은 정액 생성을 증가시키나 전립샘 암을 유발할 수 있고, 인생 초반부에는 심혈관 기능을 향상시키나 후반부에는 고혈압과 죽상동맥경화증을 일으킬 수 있다.

여성들은 테스토스테론의 잠재적 위험으로부터 벗어나 있을 뿐만 아니라, 그들 자신의 '젊음을 지켜주는 영약'으로부터의 이득도 있다. 여성호르몬인 에스트로겐은 '항산화제'이다. 동물 실험에서 에스트로겐이 결핍된 암컷은 수명이 단축되었는데, 이것은 남성 환관의 운명과 정반대의 결과이다. 실험적으로 설치류의 난소를 제거하면 세포에 가해지는 분자 차원의 손상을 수선할 수 없게 된다.

21 성선택

배우자를 선택하는 것은 각 개체에게 엄청난 영향을 미치기 때문에 결정적인 선택 중의 하나이다. 다윈이 행한 독창적인 연구에 따르면, 암컷이 수컷을 고르고, 수컷은 암컷을 놓고 교미 기회를 갖기 위해 경쟁한다고 생각해왔다. 이러한 견해는 광범위한 지지를 받았으나 완벽하지는 않다.

다윈은 수컷의 화려한 특성을 갖는 것을 설명하기 위해 성선택(性選擇)을 제안했으며, 이 이론과 함께 그러한 극단적인 특성을 갖게 되고 유지하는 2가지 기작, 즉 '암컷 선택'과 '수컷 경쟁'을 제안하였다. 역사적으로 수컷 경쟁은 쉽게 받아 들여지는 반면, 암컷 선택의 수용은 현대의 페미니즘의 대두와 함께 훨씬 늦게 수용되었다.

<베이트맨>(1948)과 <트리버스>(1972), 그리고 <레토넨>(2016) 등이 행한 연구 결과, 배우자에 대한 초기 투자는 '성적 분업(sexual role)'을 정의하는데 매우 중요하다는 것이 밝혀졌다. 수컷은 암컷에 비해 배우자에게 투자를 거의 하지 않는 대신 암컷의 난자에 최대의 투자를 한다. 난자의 수정 후 수컷에 의해 태어난 자손에 대한 수컷의 투자를 생각해보자. 일부 경우, 이것은 '성적 분업'의 진화를 이끌며, 수컷 또한 그들의 자손에 투자할 수 있다.

수컷 배우자 선택에 의해 영향 받은 또 다른 암컷 특징은 암컷 경쟁이다. 이것은 수컷 배우자 선택과 모든 면에서 연결되어 이해하기 어렵다. 수컷 배우자 선택이 암컷 배우자의 단순한 전도가 아닌 것과 마찬가지로 암컷 경쟁은 보다 간접적으로 나타나며, 수컷-수컷 경쟁을 특징 짓은 것과 같은 공개적인 결투가 없다. 암컷의 생존력이 위태롭게 된다면 그러한 특성은 진화되기 어려울 것이다. 이에 비해, 수컷을 포함하여 여러 자원을 두고 암컷

들은 서로 경쟁할 것이다.

<휴벨>(Heubel)은 2018년에 밀어를 이용한 논문에서 암컷이 수컷을 붙잡기 위해 보금자리를 놓고 다른 암컷과 어떻게 경쟁하는지에 대한 반응을 밝혔다. 휴벨의 연구는 수컷 선택과 암컷 경쟁에 결정적인 요소로서 실제적인 성비의 역할을 밝혔다.

<아문센>(Amundsen)(2018)이 행한 밀어를 이용한 또 다른 연구에서도 유사한 효과가 보고되었고, 망둑어를 이용한 연구에서도 실제 성비는 번식기에 기능적 성역할에서 핵심적인 요소였다. 이 교배 양식은 번식기 초반에 수컷이 훨씬 많을 때 일어나는 특징이다. 그러나 번식기 후반에는 암컷이 훨씬 많아져 수컷을 놓고 경쟁하게 된다. 이것은 일시적인 동태로 매우 일반적인 현상이다. 이 교배 양식은 암컷과 수컷 모두에서 장식의 존재에 대한 매우 그럴듯한 설명을 제공해 줄 수 있다.

결론적으로, 어류 집단에서 수컷의 부모로서의 투자를 보여주지 않는 수컷 배우자 선택은 태생 어류에서 볼 수 있다. 수컷 배우자 선택이 이 집단에서 넓게 퍼져 있다는 것이 놀랍지만, 이것은 대부분 암컷의 특성 차이와 밀접하게 관련이 있어 보인다. 전반적으로 수컷은 보다 크고 다산(多産) 할 수 있는 암컷을 선호하는 것 같다. 이런 선호는 암컷과 수컷 모두에서 존재하나, 이런 선호의 진화적 기원은 서로 다른 듯하다. 암컷 선택의 경우, 이 선호는 일부다처 종에서 간접적인 이익의 차원으로 해석된다. 반면, 큰 암컷을 선호하는 수컷은 큰 암컷이 보여주는 높은 다산 가능성을 통해 수컷에게 직접적인 이익을 주는 것으로 해석된다.

성선택에 대한 다윈의 초기 관찰은 어떻게 성선택이 일어나는가에 대한 내용에 주로 초점이 맞추어져 있었다. 즉, '수컷 성에 한정된 특별한 무기'를 포함하는 결투 동안뿐만 아니라, 암컷이 '최종적으로 가장 매력적인 파트너를 선택하는 관찰자로서의 지위'의 '암컷 배우자 선택' 동안도 포함한다. 다윈은 성선택이 일반적이라고 인식하였다. "많은 경우, 특별한 환경이 수컷들 사이에 특히 심하게 싸우게 하는 경향이 있다"고 다윈은 진술하였다. 각 종 내에서 일어나는 '특별한 환경'인 교배 양식에 대한 그의 직관적 이해를 말해주는 것이다. 다윈 이래, 교배 양식에 대해 두 가지 주장이 대두

되었다. 하나는 암컷과 수컷 사이의 유전적 관계 용어로 표현된 것으로, 주로 식물과 동물의 육종 계획에 적용된다. 둘째는 수컷 또는 암컷 당 교배 숫자의 용어로 표현되는 것으로, 대개 동물에 적용된다. 성선택의 이유에 대한 다윈의 기술과는 달리 동물 교배 양식 내에서의 진화적 경향은 각 개체의 후손에 대한 효율적인 투자로 확인되고 있다.

성선택의 원칙은 수컷과 암컷이 적당한 짝을 찾기 위해 서로 다른 전략을 사용한다는 것이다. 여성은 다른 동물 종과 달리 그들의 생식능력을 공개적으로 드러내지 않기 때문에 남성은 여성이 건강한 자손을 생산할 능력을 보여주는 여성의 외모 같은 다른 징후에 관심을 두는 쪽으로 진화되어 왔다. 1989년의 <부스>(Buss)의 연구에 의하면, 남성은 일반적으로 생식력을 보여주는 징표인, 매력적이고 건강한 외모의 젊은 여성에게 관심을 크게 둔다고 한다.

<싱>(Devindra Singh)은 여성 생식력의 지표로 허리:엉덩이 비율을 연구하였다. 지난 10년간 미스 아메리카 입상자들의 허리:엉덩이 비율 측정을 통한 연구 결과, 남성들이 매력적이라고 여긴 허리 사이즈와 엉덩이 사이즈의 비율은 0.7이었다. 보다 엉덩이가 크고 호리호리한 허리를 가진 여성이 이 비율에 들어맞았으며, 남성들은 무의식적으로 이 비율의 여성을 생식력이 좋다고 해석한다고 하였다.

여성들은 남성의 재력과 여성 자신 및 아이들을 보호할 수 있는가를 남성의 능력 조건으로 채택하였다. 여성들은 그들 자신이 육체적으로 매력 있고 젊다고 여기는 경향이 있으며, 남성들은 여성과 달리 그들의 재력과 지성을 자랑한다고 할 수 있다.

22 구애 의식

구애 의식은 많은 동물 종에서 일반적이며 각 종마다 극도로 독특하고, 수천 년 또는 수백만 년 동안 진화되어 온 행위이다. 일반적으로 구애 의식은 수컷이 암컷의 관심을 끌기 위해 행해진다. 이런 의식에는 수컷 사슴들 사이의 우세와, 암컷에 대한 교미 기회를 갖기 위해 싸우는 행동적 표현이 있다. 다른 예로는 수컷 공작의 크고 화려한 꼬리 같이 암컷에게 어필하기 위한 자신의 표현형적 특징이 있는데 이런 경우를 <성선택>이라 한다.

전갈은 자신의 집게를 서로 잡고 2시간 가까이 춤을 춘다. 일반적으로 춤은 수컷이 목적을 성취하거나 암컷이 수컷을 먹어치움으로써 급작스럽게 끝난다. 앨버트로스의 경우, 최소 두 시간 이상을 구애 의식에 투자한다. 앨버트로스는 부리의 치장, 울음 소리, 우아한 동작으로 구성된 복잡한 구애 춤을 잠재적인 파트너를 향해 순서에 따라 춘다. 동물들은 후손을 퍼트리기 위해 교미한다. 앨버트로스는 교미를 위해 많은 시간을 소모하는데 일부는 짝짓기 전에 거의 2년 동안 구애 의식을 치른다. 인간은 다른 사람의 환심을 사기 위해 동물처럼 전주곡으로 구애 춤을 추지는 않으나, 진실로 인내심이 요구될 것이다.

사랑의 노래가 사람에게만 존재하는 것은 아니다. 개구리나 귀뚜라미의 합창을 듣는다면, 우리는 이들 구혼자가 교미 상대를 유혹하기 위해 노력하는 사랑 노래를 듣는 것이다. 귀뚜라미는 내재된 도구로 자신의 음악을 연주한다. 한쪽 날개에 있는 마찰편으로 다른 쪽의 톱니바퀴 같이 생긴 가장자리의 단단한 옆구리를 문지르면, 막이 진동하여 소리가 증폭된다. 초파리도 암컷을 유혹하기 위해 용의 주도한 의식으로 음악을 사용한다. 수컷은 암컷이 흥미가 있다는 신호를 보낼 때까지 암컷 주위를 쫓아다닌다. 그런 다음, 암컷과 가볍게 접촉한 후, 자신의 날개를 진동시켜 구애 노래를 연주한다. 수컷 초파리는 전희가 중요하다는 것도 알고 있다. 여름철에 성가시게 윙윙거리는 모기 소리는 어떤가? 이 소리 역시 사랑의 노래이다. 암컷과 수컷이 만나게 되면 그들은 자신들의 날갯짓 빈도를 조정하여 일치시킨다.

극적으로 멋진 구애 춤은 극락조에서 볼 수 있다. 수컷 구애 의식의 시작은 치장이다. 수컷은 화려한 깃털로 된 목털을 갖고 있으며, 엽조는 스커트처럼 배열되어 있다. 종에 따라 수컷의 꼬리는 뒤틀린 와이어 배열을 한 확장 가능한 부채처럼 보인다. 수컷의 정교한 춤은 그의 깃털이 발레용의 짧은 스커트처럼 보일 정도로 빛난다.

구애 의식은 한 종의 암컷과 수컷 사이의 상호 작용으로 교미와 번식을 이끌어내는 사회적 행동이다. 구애 의식은 소수의 난자를 찾아 수정하기 위해 만들어진 수많은 정자들의 경쟁 속에서 진화되어 온 듯하다. 수컷은 정자를 갖고 있기 때문에 제한된 자원인 암컷의 난자와 수정하기 위해 다른 수컷들과 경쟁해야만 한다. 배우자체 선택은 수컷과 암컷 사이에서 성선택으로 확대되어 암컷의 선택권을 놓고 수컷끼리의 경쟁이 유발된다. 구애 의식은 수컷 대 수컷 경쟁의 연장선으로, 수컷은 번식 목적으로 암컷을 유혹하기 위해 여러 다양한 책략과 기법을 진화시켜왔다.

암컷은 수컷보다 번식을 위해 더 많은 시간과 에너지를 사용한다. 그러므로 암컷은 수컷을 선택할 때 보다 신중하게 된다. 많은 종에서 암컷은 덩치가 크거나 다른 수컷들보다 뛰어난 형질을 갖는 수컷을 선택한다. 암컷을 유혹하기 위해 수컷은 특별한 행동을 취하거나 다른 수컷과 결투를 벌이기도 한다. 이러한 방식으로 수컷은 암컷의 관심을 끌어 자신의 특성과 능력을 보여줄 수 있다. 일반적으로, 이런 과시에서 보다 인상적인 수컷이 교미 상대로서 암컷에게 선택될 기회가 커지게 된다.

많은 동물 종의 수컷들은 교미 상대에게 어필하기 위해 특별히 정해진 공간에 모여 구애 의식을 치르는데, 이런 유형의 구애 의식을 레킹(lekking)이라 한다. 한 지역에 모여서 의식을 치름으로써 다른 수컷들보다 우월한 자신의 장점을 선보일 수 있고, 보다 많은 암컷들의 관심을 받을 수 있게 될 것이다. 수컷들은 교미 시즌 전과 시즌 내내 레킹 지역이라 불리는 동일한 장소에 매일 모여든다. 레킹 지역에서 각 수컷들은 작은 영역을 차지하고 지킨다. 수컷들이 모여 들면, 수컷들은 자신의 구애 의식을 펼치기도 하고, 영역 내에서 근처에 있는 다른 수컷과 1:1의 결투를 벌이기도 한다.

레킹은 공작, 극락조, 뇌조 등 여러 동물에서 나타난다. 레킹은 영양과 토끼를 포함한 일부 포유동물, 어류와 곤충에서도 관찰된다. 일부 레킹 종에서, 수컷은 암컷에게 자신의 신체적 능력을 과시하기 위해 춤을 추거나 체조를 한다. 이들 수컷은 춤 대신 노래를 하거나, 춤을 추면서 노래를 부르거나 시각적 표현을 이용하기도 한다.

레킹 의식이 없는 종의 수컷은 한 지역에 모이지 않으며, 수컷은 각 개체별로 구애 행동을 취한다. 수컷 명금류는 교미 상대를 유혹하기 위해 침실이라 불리는 정교한 둥지를 짓는다. 각각의 수컷 명금류는 둥지를 짓기 위해 많은 시간을 소모한다. 수컷 명금류는 대부분 밝은 청색을 띠는 조개껍질, 유리 조각 같은 수백 개의 작은 물건들로 정성스럽게 둥지를 장식한다. 암컷 명금류는 교미 상대를 결정하기 전에 많은 수컷들의 둥지를 세밀히 검사하여 자신이 가장 선호하는 둥지를 지은 수컷을 선택한다.

많은 구애 의식은 정교한 춤을 포함한다. <푸른발부비새>의 구애 춤은 날개를 펼치고, 바닥을 세게 구르며 자신의 푸른 다리를 자랑한다. 평생 일부일처 관계를 형성하는 일부 종은 암수 모두 쌍방향의 구애 춤을 춘다. 초기의 춤은 일부일처의 관계 형성에 도움을 주며, 후기의 춤은 일부일처 관계의 강화에 도움을 준다. 이런 유형의 구애 의식은 앨버트로스에서 볼 수 있다. 앨버트로스의 구애 춤은 24 종류 이상의 서로 다른 동작을 포함한다.

각각의 구애 의식에는 음성 행동도 포함된다. 예를 들어, 혹등고래의 일부 노래는 교미 상대를 유혹하기 위한 것으로 밝혀졌다. 원숭이의 일종인 맨드릴도 음성 구애 행동을 한다. 구애 의식 동안에 수컷 맨드릴은 암컷 뒤를 따라가며 다양한 부드러운 소리를 내는데, 암컷이 그 소리를 좋아한다면 수컷과 교미할 것이다. 조류에서는 음성 구애 행동이 매우 흔한 일이다.

대부분의 동물에서 화려한 장식과 구애 의식은 암컷을 유인하는 것만이 아니라 그 자신이 포식자에게 노출될 가능성도 높인다. 공작 같이 크고 무거운 꼬리를 갖고 있다면 공격받았을 때 위험으로부터 벗어나기 어려울 것이다. 조류의 밝은 색은 포식에 극단적으로 노출될 수 있다. 따라서 밝은 깃털은 약점이면서, 생존 능력을 나타내는 정직한 표지이기도 하다. 많은 경우, 이러한 과시는 비용이 많이 들고 위험하여 중요한 자원이 고갈되거나 피식의 위험에 처할 수 있다. 그럼에도 불구하고, 동물들에게는 생존 가능한 자손의 산출과 자신의 유전자 보존에 영향을 미치기 때문에 양질의 교미 상대를 선택하는 것은 매우 중요하다. 암컷은 가장 뛰어난 구애 의식을 보이는 수컷을 선택하므로, 선택된 수컷은 자신의 유전자를 퍼트릴 수 있으나 패자의 혈통은 사라져갈 것이다.

암컷이 생존 및 생식 성공을 이끌 수 있는 수컷의 정직한 표지인 구애 행동을 보고 수컷을 선택하는 것은 당연한 일이다. 깃털이 선명한 새는 과일 및 채소에 존재하는 유기 색소인 카로티노이드를 충분히 섭취하였기 때문에 색깔이 밝아졌다는 점에서 훌륭한 먹이 채집 능력을 반영한다. 먹이 채집 능력은 유전적 조절을 받는다. 따라서 암컷은, 능숙한 수컷 먹이 채집자가 먹이 채집에 능숙한 자손을 생산할 것이란 점에서 이 수컷을 선택한다.

구애 의식은 포유동물과 조류 같이 복잡한 뇌를 가진 동물 종류에서만 나타난다고 여겨진 적이 있었으나 사실은 그렇지 않다. 수컷 초파리는 암컷이 교미를 허락하기 전에 암컷 앞에서 교미 춤을 춘다. 춤이 암컷에 적합하지 않으며 암컷은 수컷을 거절한다. 춤을 추는데 관여하는 유전자에 돌연변이가 생긴 수컷은 교미를 할 수 없다. 이러한 행동은 수컷의 해당 유전자가 생물학적으로 우세한 후손의 생산에 기여하기 때문에 암컷에게 명백하게 이롭다.

23 생물다양성

지구의 생태계는 토지 사용, 종 유입, 기후 변화 같은 인위 개변 과정에 의해 변화되어 왔다. 생물다양성은 지구상의 생물체의 토대이며, 식물과 동물의 유전적 조성에서부터 생물상에서 발견되는 다양성과 문화적 다양성까지를 포함한다. 서식지 변화는 일부 종에게 표적이 될 수 있으며, 서로 다른 숙주의 증가와 감소 두 가지 모두를 유도할 수 있다. 풍부한 종의 감소는 군집 평형을 포함하는 다양성 매트릭스를 감소시키게 된다.

생물다양성은 현재와 미래 인류의 웰빙에 중요한 수많은 <생태계 서비스>를 제공하고 있다. 생태계 서비스는 인류가 물, 에너지, 탄소의 순환, 생물의 생명 활동 등과 같은 생태계의 구성 요소나 기능으로부터 혜택을 받는 일을 이른다. 기후는 생태계 기능 유지의 주된 요소이며, 인간의 건강은 육상 및 해양 생태계에 대한 기후 조건의 결과에 의해 직간접적으로 영향을 받는다. 해양의 생물다양성은 대기 중의 탄소 수준과 연관된 해양 산성화에 의해 영향을 받는다. 육상의 생물다양성은 가뭄과 홍수 같은 기후 변화에 크게 영향을 받는데, 이에 따라 생태계 건강 및 인간이 이용하는 생태계 산물과 서비스의 생산성과 이용 가능성이 크게 좌우된다. 장기간에 걸친 기후 변화는 생태계의 생존력과 건전성에 영향을 미쳐 식물, 병독원, 동물, 그리고 인간 거주지의 분포까지도 변화시키게 된다.

인간은 자신들의 일상을 생물다양성에 크게 의존하고 있다. 인간의 삶은 궁극적으로 생태계 산물과 신선한 용수, 식량과 연료자원의 공급 같은 생태계 서비스에 의존하고 있다. 따라서 생물다양성의 감소는 결국 사회의 수요에 필요한 적절한 생태계 공급을 차단하기 때문에 직접적으로 인간의 삶에 영향을 미칠 수 있다. 생태계의 급격한 변화는 일상적인 생활, 수입, 정주

여건, 그리고 정치적인 갈등까지도 일으킬 수 있다.

미생물, 식물상과 동물군의 생물리적 다양성은 생물학적, 건강의 측면, 의약품 등의 분야에서 광범위한 이익을 제공한다. 중요한 의학적 그리고 약학적 발견은 지구상의 생물다양성에 대한 이해를 통해 이루어졌다. 따라서 생물다양성의 상실은 질병과 건강 문제 해결에 필요한 치료 물질의 발견에 제한을 초래할 수 있다. 생물다양성 상실은 천연 자원과 유전자의 상실을 의미하기도 한다.

생물다양성은 세계 차원의 인류의 영양에 대해 결정적인 역할을 갖고 있다. 생물다양성은 토양의 지속가능한 생산력을 보증하며, 모든 곡물, 가축, 해양생물 등에 대한 유전 자원을 공급한다. 다양한 식량의 충분한 공급은 건강의 근본적인 결정 요소이다. 영양과 생물다양성은 여러 차원에서 연결되어 있다. 생태계 시스템으로서의 식량 생산, 생태계 내에서의 종과, 종 내에서의 유전적 다양성, 식량과 동일 식량의 재배 품종, 변종 사이의 영양학적 조성은 극단적으로 다를 수 있다. 적절한 수준의 영양분 흡수에 필요한 건강한 식이에는 생물다양성 유지가 필수적으로 요구된다.

관개, 비료의 사용, 살충제 사용에 의한 작물 보호 또는 변종 작물의 도입과, 생물다양성에 영향을 미치는 재배 방법 등을 통한 집약적이고, 증가된 식량 생산이 전 세계적으로 인간의 영양 상태와 건강에 영향을 미쳤다.

전통 의약품은 건강 관리에서 필수적인 역할을 수행해왔다. 전통 의약품은 세계 인구의 약 60%가 사용하고 있으며, 일부 국가에서는 전통 의약품을 공중보건 시스템에 적극적으로 통합시키고 있다. 약용 식물은 전 세계적으로 전통의학 및 보조의학에서 일반적인 약물치료 도구이다. 약용 식물은 야생 개체군과 재배를 통해 공급되고 있으며, 많은 사회가 자연 산물에 의존하고 있다.

인간의 활동은 생태계의 구조와 기능 모두를 교란시켜 고유한 생물다양성을 변화시킨다. 그러한 교란은 일부 생물종의 풍부도를 감소시키고, 다른 생물종의 번창을 일으켜 생물들 사이의 상호작용을 변화 시키고, 또한 생물과 주변의 물리화학적 환경 사이의 상호작용을 변화시키게 된다. 감염성 질환은 이러한 교란에 민감하다. 감염성 질환의 원천과 전파에 영향을 미치는 과정들에는 삼림 파괴, 토지사용 변화, 댐 축조, 관개, 물 관리, 무계획적인 도시화, 일부 질병 매개체를 조절하기 위해 사용하는 살충제에 대한 내성, 기후 변화, 이주 및 국제 여행과 무역, 병독원의 인간으로의 돌발적 또는 사고에 의한 유입 등이 있다.

1992년의 리우 정상회담 직후부터, 생물다양성 상실이 생태계의 역학 및 기능 유지, 생산물과 생태계 서비스의 공급에 어떻게 영향을 미치는가에 대한 연구가 극적으로 증가하기 시작하였다. 원래, 생물다양성은 종(種) 내의 다양성과 종 및 생태계 사이의 다양성으로 정의되었으나, 최근에는 <생태계 서비스> 또는 은유적으로 <자연의 축복> 개념으로 확장되고 있다. 이것은 생물다양성에 의해 유지되는 자연 환경이 인간에게 필수적인 여러 물질들을 부여한다는 것을 의미한다.

생태계 서비스는 식량, 물, 목재와 섬유 같은 자연 자원인 <프로비저닝 서비스>(Provisioning services)와 기후 안정화, 물의 정화, 자연 재해의 완화, 이산화탄소의 고정, 오염과 질병의 조절 같은 <조절 서비스>, 생태 관광 가치, 경치/미학적 가치, 종교/윤리적 가치 같은 <문화 서비스>와 영양 순환, 토지 조성과 광합성 같은 <보조 서비스>로 구성되어 있다.

이러한 생태계 서비스는 인간에게 경제적, 문화적 활동의 근간이 되는 산소, 물, 영양분, 의복, 식량, 주거지, 여러 재료 및 자원을 제공한다. 생태계 서비스는 또한 건강, 안전, 사회적 관계, 선택과 행동의 자유를 제공하는 환경 조건을 제공한다. 그러나 인간이 자연으로부터 제공받는 서비스의 경제적 가치는 고전 경제학 틀에서는 인식되지 않았다. 최근의 연구 결과, 인간에 이익을 주는 생태계 서비스는 전 세계적으로 매년 125억 달러로 집계되고 있다.

개발도상국들에 사는 사람들은 선진국 사람들보다 더욱 더 생태계 시스템에 의존한다. 세계적으로 20억 명 정도는 생태계 서비스에 의지해 살아가고 있으며, 그들 대부분은 하루에 2달러 미만의 수입을 갖는 가난한 사람들이다. 그러한 사람들의 상당수는 생물다양성이 풍부한 곳이자 그 다양성이 크게 위협받고 있는 세계 35개 지역의 생물다양성 중요지점(hotspots)에 거주하고 있다.

생물다양성이 지속적인 발전뿐만 아니라 모든 지역의 인간의 생존에도 필수적이나, 생물다양성의 상실은 매우 급격하게 진행되고 있다. 현재는 매 20분마다 식물 또는 동물이 1종씩 멸종되고 있다고 알려져 있다. 이 멸종율은 인류 출현 이전 시대에 비해 약 1,000배 높은 것이다. <지구 생물다양성 전망보고서 4>에 의하면, 생물다양성에 대한 압력 증가는 최소한 2020년까지는 지속될 것이며, 이에 따라 생물다양성은 계속 감소될 것으로 전망된다. 특히 가난한 사람들과 취약 계층에게 많은 서비스를 제공하는 여러 생태계의 지속적인 감소는 보다 중요한 추가적이고 직접적인 행동이 필요한 시점이다.

생물다양성은 지구상에 균등하게 분포하고 있지 않는데, 생물다양성 중요지점의 분포는 개발도상국인 열대 생태계에 주로 집중되어 있다. 따라서 생물다양성 상실의 대부분은 개발도상국의 열대 지역에서 일어나고 있다. 전 지구적인 생물다양성의 상실은 열대 다우림의 경작지로의 전환, 목재 및 어족 자원의 남획과 기후 변화의 역 효과에 의한다고 볼 수 있다.

예를 들어, 페루의 아마존 강 상류지역인 <알토 마요>(Alto Mayo) 삼림 보호구에서 최소한의 수입으로 살아가는 사람들은 농사 또는 방목에 필요한 땅 또는 목재를 찾아서 수목으로 뒤덮인 지역으로 이동하였다. 이곳 사람들은 그들의 생계를 풍부한 수자원, 안정적인 기후와 비옥한 토양 같은 생태계 서비스에 의존하는데, 이것은 모두 <알토 마요>의 우거진 삼림에 존재하는 생물다양성에 의해 제공되고 있다. 그 지역 사람들은 삼림을 화전 경작지로 바꾸어 농사를 짓기 때문에, 인구 증가에 따라 삼림 감소가 큰 폭으로 일어나고 있다. 이로 인해 주민들의 수자원 이용 가능성이 악화되고 지역 기후가 불안정화 되었으며, 결국 <알토 마요>의 풍부한 생물다양성도 매우 큰 위기에 처했음은 물론이다.

생물다양성의 보존과 지속가능한 사용은 개발도상국의 빈곤 퇴치에 필수적이다. 생물다양성의 보존은 다양한 생활에 자원으로 사용되고, 수입을 증가시키며, 공중보건도 향상시키고 자연재해에 대한 취약성도 감소시킬 수 있다. 생물다양성은 또한 개발도상국가에서 빈곤 퇴치를 목표로 하는 지속가능 개발 목표(Sustainable Development Goals)에 기여할 수 있다. 덧붙여, 생물다양성은 전 지구적으로 열대 삼림에 의한 이산화탄소 고정, 공기와 물의 정화, 자연 및 유전 자원의 공급을 포함한 다양한 이익을 제공한다.

국제보전협회는 서아프리카 생물다양성 중요지점의 기니 삼림에 위치한 가나의 <카쿰 국립공원> 인근의 지역 주민들에게 가나의 주요 산업인 지속가능한 카카오 농업으로 지역 사회를 전환시키는 <지속가능 카카오 프로젝트>를 통해 지원해왔다. 이 프로젝트는 아프리카 둥근귀 코끼리(*Loxodonta cyclotis*)와 다이애나 원숭이(*Cercopithecus diana*) 같은 멸종 위기 종을 포함한 생물다양성의 보전을 목적으로 하고 있지만, 공원 인근에 사는 사람들의 생활을 향상시키고 기후 변화를 감소시키는데도 기여하고 있다. 프로젝트를 수행한 결과, 이 지역에서의 지하수 보존량은 삼림 보전에 의해 회복되었으며, 화학비료 및 살충제의 사용 감소로 수질 역시 향상되었다. 깨끗한 물이 확보되면서 이제는 어린이들이 집에서 멀리 떨어진 곳에서 물을 길어 오지 않게 되어 학교에 다닐 수 있게 되었다. 생물다양성은 생태계에만 중요한 것이 아니라 어린이들에게 교육 기회도 부여할 수 있어 어린이들의 미래를 개척해 줄 수 있다. 생물다양성 보존은 한 국가의 미래에 대한 투자이다.

동물, 식물, 균류 및 기타 생물의 다양성은 매우 중요하다. 각 종은 고유한 생태학적 역할을 수행하고 있다. 자연은 다양한 종류의 식량과 의약품을 포함하여 수많은 생태학적 서비스를 제공하고 있다. 생물다양성은 또한 복원력을 제공하고 있다. 즉, 여러 다양한 종들은 다른 종들이 역할을 하지 못할 때 일부 다른 종이 그 기능을 수행할 수 있다. 미국의 경우, 유럽인들이 정착하기 시작한 이래 종 집단의 약 31%가 감소되었다. 기후 변화의 영향까지를 감안하면, 2050년까지는 그 수치가 40%까지 상승할 것으로 예상된다. 아메리카 원주민이 거주하는 지역과 일부 다른 지역 사회는 <복합 경작>과 <병농 임업>의 다양성에 기인해 종 집단의 감소 비율이 낮아졌거나 역전된 곳도 있다.

24 동물의 언어

의미 있는 기호 또는 사상(事象)은 사인(sign)이다. 사인은 마음을 그 자신이 아닌 다른 사람에게 제시한다. <사람>이라는 단어와 화재 경보도 사인이다. 하늘이 어두워지는 것은 비가 올 것이라는 사인이다. 그런 의미에서 사인은 신호와 지시어(designator)의 두 종류가 존재한다. 신호는 육체적 또는 일시적으로 근접한 누군가에게 주의를 필요로 하는 대상 또는 사건이다. 화재 경보와 연기 등은 신호이다. 신호는 그것이 가리키는 대상과 밀접하게 관련되어 있다. 즉 화재 경보는 화재가 일어난 부근에서 크게 울리는 소리이고, 화재가 일어난 주위에서 연기가 피어 오를 것이다. 신호는 언어가 아니다. 인간의 언어는 가리키는 대상에 대한 문법적 관계에서의 지시어를 나타내는 추상적 과정이다. 언어는 의미, 가리키는 대상과 지시어 사이의 임의성, 지속적인 생산성 등 여러 다양한 특성이 있다.

지시어는 사물의 명칭을 언급하는 단어이다. 지시어와 그들이 나타내는 대상 사이에는 특별한 연관이 없으므로 임의적이다. <사람>이란 단어는 인간을 나타내는데, 사람이란 단어가 언어학적 연관은 별도로 하고, 우리를 가리킨다는 밀접한 물리적 연결 고리는 없다. 따라서 지시어는 추상적이다.

일부 사인은 신호 또는 지시어로 기능할 수 있다. 붐비는 장소에서 '불이야'라고 외치는 것은 신호와 지시어 두 가지 모두에 해당한다. '불이야'는 응급 사태로 주의를 기울이라는 신호로 신속하게 대피해야 한다는 것을 의미하며, 동시에 화재 자체에 주의를 기울이라는 지시어이기도 하다. 신호와 지시어 사이의 혼동은 동물의 언어에 대한 동물 행동학자들의 오해에 뿌리를 두고 있다. 야생이나 집에서 기르는 동물들의 소리나 동작이 감정과 욕구를 나타내는 신호이지 지시어는 아니며, 이러한 표현은 언어가 아니라는 주장이다. 자연계의 동물 신호는 문법이 없으며, 신호와 대상 사이에 임의성이 없고, 생산성이 제한되며, 특색으로부터 추출된 개념을 표현하지는 않는다.

우리에서 사육하거나 실험실 조건에서 동물들이 지시어와 언어를 흉내내는 유형으로 신호를 사용하도록 훈련한 때도 진실된 언어를 생산하는 추상적 지시어의 사용은 관찰되지 않았다. 동물들은 지각 영역에 해당하는 어떠한 대상을 나타내는 신호를 사용하지 않았다. 동물들은 언어가 아니라 신호를 통해 대화한다. 일부 동물들은 연구자들에 의해 충분히 훈련받은 후 인간의 언어를 모방한 신호를 사용한다. 그러나 모방이 언어 자체는 아니다. 오랜 시간 동안 훈련 받은 동물들은 언어를 습득했다고 오해하기 쉽다. 이런 실수의 전형적인 예는 한스라 알려진 말(Clever Hans)의 예에서 볼 수 있다. 한스는 언어를 이해하고 추상적으로 생각한다고 알려졌으나, 결국 연구자의 의식적인 훈련에 대한 단순 반응이라는 것이 밝혀졌다. 동물 행동학에서 이런 실수는 매우 흔한 경우로 <영리한 한스 효과>라 한다.

1960년대와 1970년대 중반에는 동물의 능력에 관한 연구가 집중적으로 행해진 시기였다. 1973년에는 <프리슈>(von Frisch), <로렌츠>(Konrad Lorenz)와 <틴버겐>(Nikollas Tinbergen)이 노벨 생리학상을 수상하였다. 동물의 언어 연구라 알려진 분야 역시 이 시기에 집중적으로 연구되었다. 원숭이와 돌고래에게 인간의 언어를 가르치려는 시도는 실패하였다. 그러나 연구자들은 다른 교신 양식이 존재할 것이라 가정했으며, 일부는 성공을 거두기도 했다.

2010년 4월에, 네덜란드 암스테르담대학의 <라메이라>(Adriano Lameira)는 독일의 쾰른 동물원 내에 비디오 카메라를 설치하고 오랑우탄인 <틸다>(Tilda)를 관찰하였다. 촬영 결과 <틸다>는 인간처럼 휘파람을 불 수 있으며, 그 외에도 많은 행동을 하였다. <틸다>는 자신의 손바닥을 치고, 입술을 만지고, 목 깊은 곳에서 나오는 인간과 유사한 쉰소리를 내기도 하였다. 이러한 관찰 결과를 토대로 라메이라는 <틸다>에게서 인간 언어와의 유사성을 일부 볼 수 있다고 하였다. <틸다>는 1965년경에 태어났으며, 보르네오 섬에서 포획되어 우리에서 사육되었다. <틸다>는 인간과 유사한 소리를 성공적으로 흉내 낸 인간의 가장 가까운 친척 중의 하나이다.

라메이라 연구팀은 <틸다>의 소리는 인간의 언어와 놀랍도록 유사하다는 것을 발견하였다. 그들의 빠른 리듬은 인간의 언어와 정확히 일치하였다. 더구나, <틸다>는 모음과 자음-유사 소리를 함께 조합하는 것처럼 보였다. 그것은 인간이 어떻게 음절, 단어와 문장을 만드는지에 대한 전조이기 때문에 중요하다. 그런데도, <틸다>의 소리는 인간의 언어를 완벽하게 흉내 내지는 못했다. 그러나 앵무새가 잘 흉내 내는 것 같은 단순 흉내는 결코 아니었다. <틸다>는 인간의 언어를 모방할 수 있는 것처럼 보이는 최초의 동물이 아니었다. 코끼리와 흰돌고래도 대화를 하는 것처럼 소리를 낸다. 이러한 동물들은 인간과 구별되는 언어 장벽을 연결시켜 줄 수 있는 것처럼 보인다.

동물들이 인간처럼 말하려는 시도는 상당히 매혹적인 관찰 주제이다. 그러나 동물들이 인간처럼 진짜로 대화를 할 수 있을까? 이것은 단순히 소리를 만들 수 있는 차원의 문제가 아니다. 진정한 대화로 생각하려면, 동물들은 그들이 의미하는 것이 무엇인지를 이해해야만 하는 문제가 남아 있다.

논란의 여지없이 언어 흉내 내기의 챔피언은 <알렉스>(Alex)라 불리는 <회색앵무>였다. <알렉스>는 하버드대학의 인지 과학자인 <페퍼버그>(Irene Pepperberg)에 의해 훈련받았다. <알렉스>는 새로운 영어 단어를 쉽게 배우고 흉내 냈다. <알렉스>는 '당신을 사랑해'라는 말까지 할 수 있었으며, 하루의 일과가 끝나고 나면 페퍼버그에게 '굿 나잇'이라는 인사를 하기도 했다.

<알렉스> 같은 앵무새의 무엇이 그렇게 능숙하게 인간의 언어를 흉내 내도록 하였는가? 해답 일부는 <알렉스>의 성도(聲道)에 있었다. <알렉스> 성도의 복잡한 근육 조직과 두껍고 유연한 혀가 인간의 언어와 비슷하게 발음하는데 쉬웠을 것이다. 그러나 다른 흉내쟁이들은 소리를 내기 위해서 완전히 다른 기작을 사용한다. 캐나다 밴쿠버 수족관의 <녹>(Noc)의 언어 능력은 2012년에 알려졌다. <녹>은 어렸을 때 이누이트(Inuit) 사냥꾼에 포획되어 수족관에서 살았는데, 인간과 유사한 소리를 내기 위해 자신의 비강을 크게 팽창시켰다.

일부 코끼리는 전혀 다른 방법을 사용해 인간의 언어를 흉내 낼 수 있다. 에버랜드 동물원에서 사육 중인 코끼리 <코식이>는 자신의 입을 코 끝에 위치시켜 성도를 조절하는 방식으로 여러 개의 우리말을 할 수 있다. <코식이>는 조련사 목소리의 고저와 음색 패턴 두 가지 모두를 자신에게 정확하게 일치시켰다. 코끼리의 성도는 해부학적으로 인간의 성도보다 훨씬 길며, 입술 대신 코를 가지고 있으므로 매우 드문 현상이다.

<코식이>는 조련사의 지시에 복종하도록 훈련받았다. 따라서 <코식이>는 '누워'라는 말에 눕는다. <코식이>는 또한 그것을 흉내 내 '누워'라는 말을 할 수 있으나, 그 단어를 의미있게 사용할 수는 없다. 우리는 개에게 '앉아' 또는 '공을 가져와'라는 단어를 이해시키도록 가르칠 수 있다. 그러나 개는 이러한 단어를 흉내 낼 수 없고 단지 우리가 원하는 것만을 행한다. 그러나, 이 규칙을 벗어나는 한 가지 예외가 <알렉스>이다. 알렉스.는 수십 개의 영어 단어를 말할 수 있을 뿐만 아니라 그 단어들을 사물을 동정하거나 색깔과 모양, 숫자를 구별하는 데 사용하였다.

비록 동물들의 흉내 내기가 서로 다를지라도, 이러한 동물들은 공통적인 특징을 가지고 있다. 이들은 모두 <음성 학습자>(vocal learner) 이다. 즉 그들은 소리를 듣고, 그것을 흉내 낸 다음 그 소리를 만들어낸다. 가장 훌륭한 음성 학습자인 인간은 수많은 서로 다른 소리를 만들어낼 수 있다. 흰돌고래도 그들의 생애에서 수백 개의 새로운 발성을 자연적으로 배운다. 일부 앵무새와 명금류도 활발한 학습자이자, 때로는 다른 종의 소리나 그들 주변의 물체로부터 소리를 따라 하기조차 한다. 금조는 카메라 셔터의 작동 소리와 전기톱의 작동 소리 같은 인간이 생성한 기계 소리를 흉내 내기도 한다. 회색앵무는 수천 개의 소리를 학습하고 생성할 수 있지만 금화조는 햇병아리처럼 단지 몇 종류의 노래밖에 배우지 못한다. 대부분의 동물은 음성 학습자가 아니다. 소는 음매, 개는 멍멍, 비둘기는 구구하는 것처럼 자신들의 타고난 소리만을 만들어낸다. 이러한 동물들은 새로운 소리를 흉내 낼 수 없다.

동물이 언어를 모방하도록 하는 뇌는 어느 부위일까? 듀크 의과대학의 <자비스>(Erich Jarvis) 교수는 핵심 부위가 전뇌라 제안하였다. 전뇌에 발성에 필요한 특수한 <뇌-회로>가 존재하며, 일부 동물에만 이 회로가 존재한다고 하였다. 2004년에 발표된 논문에서 자비스는, 인간과 앵무새 모두에게 존재하는 음성 근육과 직접 연결된 전뇌 부위를 설명하였다. 이러한 <뇌-회로>는 새로운 소리를 학습하도록 하고, 그런 다음 학습한 소리를 만들어내도록 성도를 조절한다. 전뇌의 <뇌-회로>가 없는 동물들은 음성 학습자가 아니다.

음성 학습은 동물의 유전자에도 반영되어 있다. 2014년에 자비스 등은 서로 다른 동물의 뇌에서 어떻게 음성 학습 관련 유전자가 켜지고 꺼지는지를 연구하였다. 연구 결과 인간, 앵무새, 명금류와 벌새를 포함한 여러 다양한 음성 학습자들의 언어 조절 중추의 활성에서 유사한 패턴을 보이는 50종 이상의 유전자 세트를 발견하였다. 이것은 명금류가 노래할 때 사용하는 것과 같이 인간이 말할 때도 같은 유전자를 사용한다는 것을 의미한다. 닭과 짧은꼬리 원숭이 같이 새로운 소리를 배울 수 없는 동물들은 같은 경로에서 이러한 유전자가 활성화되지 않는다는 것이 밝혀졌다. 새로운 소리를 생성하는 학습이 가능한 종들을 살펴보면 유전적 유연 관계가 상당히 떨어져 있다. 포유동물은 인간, 박쥐, 코끼리, 바다표범과 고래류 등이 가능하고 조류에는 앵무새, 명금류와 벌새 등이 있다.

뉴욕 헌터 칼리지의 <라이스>(Diana Reiss)에 따르면 대부분의 말하는 동물들은 고도로 사회적인 종이다. 우리에서 생활하는 동물들은 그들 자신의 종과는 격리된 채 오직 인간하고만 상호 작용을 하게 된다. 따라서 인간은 그러한 동물이 흉내 낼 수 있는 모델이다. 야생에서도 음성 학습자들은 그들 종의 구성원들과의 유대를 위해 많은 소리를 사용한다. 음성 기술은 지능의 과시 형태로 이성에게 더 매력적이게 보일 수 있다.

앵무새들이 인간의 소리를 흉내 내는 것은 단순한 유대 형성을 넘어서 여분의 이익이 존재한다. 소리 흉내는 그들의 생활을 편리하게 해준다. 앵무새들은 배운 단어를 통해 그들이 원하는 장난감이나 먹이를 요구하거나 다른 곳으로 이동하게 해달라고 요구한다. 음성 모방은 인간 언어의 기초이다.

25 마음과 몸

서로 다른 역사와 문화를 통틀어 인간의 존재는 마음과 몸으로 구성되어 있다고 생각되어 왔다. 사교적 행위가 뛰어난 동물들은 보다 많은 자원을 얻을 수 있으며, 이것은 보다 큰 뇌의 발달을 필요로 한다. 가족, 친구, 그리고 자신이 속한 집단 구성원과 만족할만한 관계를 갖는 사람들은 더 행복하고, 상대적으로 건강하며, 더 장수한다고 알려져 있다.

1965년에 <베크만>(Lisa Berkman)과 <사임>(Leonard Syme)이 캘리포니아 앨러미다 카운티에 사는 7,000명의 남녀를 대상으로 9년 동안 연구를 진행한 결과, 다른 사람들과 격리되어 생활하는 사람들은 강한 사회적 유대를 갖고 사는 사람들보다 사망률이 약 3배 높았다. 사망률에서의 이러한 차이는 사람들의 나이, 성별, 운동 또는 건강 상태와 상관없이 나타났다. 연구자들은, 친밀한 사회적 유대 관계를 갖고 있으며 흡연, 비만, 운동 부족 같은 건강하지 못한 생활 습관을 갖는 사람들은 사회적 유대 관계는 없지만 보다 건강한 생활 습관을 갖는 사람들보다 더 오래 생존한다는 사실을 밝혔다. 더불어, 건강한 생활 습관과 친밀한 사회적 유대 관계를 갖고 있는 사람들은 당연히 더 장수한다고 알려져 있다.

영국의 의학 저널에 발표된 또 다른 연구 결과에 따르면, 심장 발작으로부터 생존한 2,320명 중에서 다른 사람과 강한 유대 관계를 유지하고 있는 사람들은 그렇지 않는 사람들보다 발병 3년 내의 사망률이 25%에 지나지 않았다. 듀크대학 메디컬 센터의 연구자들 역시 사회적 유대 관계가 심각한 건강 문제가 있는 사람들의 사망률을 감소시킬 수 있다는 것을 발견하였다. 2001년도에 발표된 <브르멧>(Beverly Brummett) 등의 연구 내용에 따르면, 관상동맥 질환을 가진 성인 중 사회적으로 고립되어 생활하는 사람들의 사망률이 일반인보다 2.4배 높다는 사실이 밝혀졌다.

오랜 시간 동안 사회적 접촉이 차단된 사람들은 스트레스와 염증 반응이 현저하게 증가되는 경향이 있다. 이것은 차례로, 뇌를 포함한 거의 모든 신체 시스템의 항상성을 해치게 된다. 사회적 유대 관계의 결여는 생명에 중추적인 기관으로의 혈류를 감소시키고 면역 기능을 떨어뜨리게 된다. 이로 인해 만성 염증, 신장 질환, 관절염, 제2형 당뇨병과 자살 충동까지도 유발될 수 있다.

2010년도에 발표된 텍사스대학의 <움버슨>(Debra Umberson)과 <몬테지>(Jennifer Karas Montez)의 연구 결과도, 사람들과의 유대 관계 수준이 낮거나 그 횟수가 적으면 심장 질환, 자가면역 질환, 고혈압, 암, 느린 상처 치유 등이 유발되거나 악화시킨다는 것을 보여주고 있다. <움버슨> 등은 사회적 유대 관계가 사람들의 생활 습관에 긍정적인 영향을 미쳐 건강 상태를 향상시킨다는 것을 지적하였다. 예를 들어, 주위에 담배 피우는 사람이 없다면, 나 자신도 담배를 덜 피우게 될 것이다. 연구 결과에 따르면, 규칙적인 운동, 균형 잡힌 식이, 금연, 알코올의 과음 회피 같은 건강한 행동을 실천하면 조기 사망률, 병적 상태와 신체 장애의 약 40%를 감소시킬 수 있다고 한다.

인간이 갖는 공감(共感)은 감정적인 부분과 인지적 부분으로 되어 있으며, 두 가지 모두 배려 및 자애(慈愛) 행동과 연관되어 있다. 공감의 차이는 인류의 진화 동안의 자연선택과 연관되어 있다고 알려져 있다. 인간은 일부 동물에 대해서는 공감을 느끼나 다른 동물에 대해서는 공포 또는 혐오감을 느낄 수 있다. 뱀, 거미와 같은 유독한 동물에 대한 공포증은 유전자-문화 공진화란 용어로 설명되어 왔다. 그러나 다른 동물을 향한 유사한 생명애(生命愛)에 대해서는 관심이 적었다.

종(種) 간 자애 행동의 전승은 다양한 범주의 문화에서 실행되는 일반적인 인간의 특징으로, 자연사와 사회성 지능의 통합으로부터 발생한다. 그러한 자애 행동을 불러일으키는 시작 자극인 '귀여움'은 기생하는 뻐꾸기가 그들의 숙주로부터 부양을 유도하는 초-자극과 비교되어 왔다. 최근의 연구 결과, 가임기 여성은 영아의 특징에 가장 강하게 반응하며 '귀여운' 동물에 대해서는 흥미를 덜 느낀다고 알려져 있다.

심리적인 스트레스는 심장 질환을 포함하여 만성 질환의 발병 위험성을 증가시킨다. 심리적 스트레스가 건강을 해칠 수 있음에도 불구하고 그 자세한 기작은 아직 밝혀지지 않았다. 이것은 뇌가 어떻게 심리적 스트레스 상태와 신체 스트레스 반응을 생성하는가에 대한 이해가 부족하기 때문이다. 스트레스와 건강의 심리적 그리고 생리적 기작의 상호 작용에는 뇌 감정 시스템, 뇌로부터 기관 및 조직으로의 내장 운동 출력, 말초 생리 및 병태생리, 신체로부터 뇌 감정 시스템으로의 내장감각 입력 등 최소 4가지 기작이 존재한다.

뇌 감정 시스템은 심리적 스트레스와 건강 관련 생리 및 병태생리와 심리적 스트레스 연결 경로의 첫 번째 요소이다. 뇌 감정 시스템은 사건과 사고, 기억 같은 경험에 대한 의미와 중요성을 기호화하고 평가한다. 특이적 감정은 심리적 스트레스를 생성한다. 인간이 겪는 감정에 기인한 의미가 개인마다 다르므로, 그러한 개인적 차이는 스트레스 반응과 건강-관련 성과에서의 차이와 관련되어 있다. 예를 들어, 자신의 인생사를 다른 사람들보다 더 부담스럽게 생각하는 사람은 심장 질환의 병리적 지표인 혈압이 높고, 죽상동맥경화증의 전이 속도가 더 빠르다. 여기에는 건강을 위협하는 자율신경계와 <시상하부-뇌하수체-부신 축>이 주요 스트레스 반응 시스템을 경유하여 건강에 영향을 미친다고 알려져 있다.

마음과 몸 사이의 상호 관계 문제는 모든 문화와 시대를 통틀어 매력적인 인간의 속성 중의 하나이다. 이 주제는 여러 방법론, 심리적 기능과 그 신경 기초, 행동 표현 같은 현대 과학의 발달과 그것을 이해할 수 있는 능력의 발달에 의해 보다 확대되고 있다.

26 스트레스와 뇌

뇌는 경이로운 기관으로 사고와 감정에 관여한다. 뇌는 근육의 움직임을 명령한다. 뇌는 우리가 처한 환경에 따라 성장하기도 하고 위축되기도 한다. 스트레스는 뇌의 크기와 모양을 변화시킬 수 있다. 성인의 뇌는 6세 이전부터 엄청나게 많은 스트레스를 받아 왔으며 10대 때에는 우울해지기도 하고 걱정에 휩싸이기도 하며 성인에 이르렀을 것이다. 10대는 어렸을 때 경험한 스트레스를 내면화시키면서 그들의 뇌 모습을 변화시키고, 마음속에 있는 그러한 사건들을 재연한다.

연구자들은 어린이들의 뇌의 모양과 크기가 수많은 스트레스 반응에 따라 변할 수 있다는 것을 밝혔다. 성인들 역시 어린이들과 마찬가지로 우울해질 수 있고, 곤궁하게 살거나 다른 힘든 경험들을 갖고 있다. 일부 연구결과, 이러한 우울한 성인들은 뇌 모습에서 비정상적인 변화가 나타난다는 사실이 밝혀졌다.

스트레스 반응은 살아가는데 있어서 자연적인 부분이며, 우리의 신체는 위험 또는 다른 위협에 대처하며 반드시 반응해야 한다. 스트레스 반응에서 크르티솔은 중추적인 역할을 수행한다. 스트레스를 받는 동안, 코르티솔 농도는 신체가 격투-도주 반응에 적합하도록 조정하는 신호인 아드레날린 호르몬과 함께 상승한다.

특이하게, 코르티솔은 혈류에서 포도당 또는 당 농도를 증가시켜 포도당을 에너지원으로 사용하는 뇌의 작용을 향상시킨다. 또한 소화, 생식과 성장 같이 응급상황 동안 즉각적으로 필요하지 않은 신체 기능을 억제하기도 한다. 일단 스트레스 사건이 지나가면 코르티솔 농도는 하락한다. 그러나 이것이 항상 동일하지만은 않다. 신체가 여전히 스트레스를 감지하거나 기타 모르는 이유로 코르티솔 농도가 높게 유지될 수 있다.

코르티솔 농도가 지속적으로 고농도로 유지되면 심장과 피부에 손상을 일으킬 수 있다. 스트레스와 고농도의 코르티솔은 기억과 뇌 기능에 영향을 미칠 것이란 추측도 가능하다. 사실, 신체의 일부 부위에서 코르티솔이 고농도로 유지되는 질환인 <쿠싱 증후군>을 가진 사람은 기억력 감퇴, 주의력 결핍, 우울증에 걸릴 수 있다.

오랜 시간 동안, 연구자들은 호르몬이 말초 조직에만 수용체를 갖고 있으며, 중추신경계에 대한 접근 통로가 없다고 생각해왔다. 그러나 관찰 결과, 행동 및 인지 질환과 소위 <스테로이드 정신 질환>이라 불리는 현상에 대한 항-염증 약품의 효과가 증명되었다. 1960년대 초반에, 신경 펩타이드는 말초 내분비계에 효과가 없는 화합물로 인식되었다. 그러나 2000년에 <클롯>(De Kloet)이 발표한 내용에 따르면, 호르몬은 중추신경계의 서로 다른 부위에 대해 생물학적 효과를 발휘할 수 있으며, 행동과 인지 과정에 중요한 역할을 하고 있다. 설치류의 뇌는 스트레스 반응에서 작동 물질의 일종인 당류 코르티코스테로이드에 반응할 수 있다. 이것은 스트레스가 중추신경계의 기능적 변화를 일으킨다는 것을 보여주는 예이다. 코르티솔과 코르티코스테론에 대해 당류코르티코스테로이드 수용체는 높은 친화성을 보여준다. 해마 영역은 두 유형의 수용체를 갖고 있는 반면, 뇌의 다른 부위는 당류 코르티코스테로이드 수용체만을 갖고 있다.

신경계에 대한 스트레스 효과는 오래 기간 동안 연구되어 왔다. 스트레스는 인간의 신경계에 많은 영향을 미치며, 뇌의 서로 다른 부위를 구조적으로 변화시킬 수 있다. 만성 스트레스는 뇌 용량의 위축을 초래하여 뇌의 무게를 감소시킨다. 이러한 구조적 변화는 스트레스, 인지 능력, 기억 등에 대한 반응에 차이를 일으킬 수 있다. 물론, 뇌에서의 변화의 양과 강도는 스트레스 수준과 스트레스 지속 시간에 다르다. 그러나 스트레스가 신경계에 직접적으로 영향을 미치는 뇌의 구조적 변화를 일으키는 것은 분명하다.

기억은 중추신경계의 중요한 기능 중의 하나로 감각, 단기 및 장기 기억 등으로 나눌 수 있다. 단기 기억은 전두엽과 측두엽의 기능에 의존하나 장기 기억은 뇌의 큰 영역에서의 기능에 의존한다. 기억의 전체적인 기능과 단기 기억의 장기 기억으로의 전환은 당류 코르티코스테로이드 수용체가 고밀도로 존재하고 스트레스에 대한 반응에서 최고 수준을 나타내는 해마에 의해서 일어난다. 그러므로 지난 몇 십 년 동안 해마와 스트레스 사이의 관계에 대한 논의가 활발하게 진행되어 왔다.

1968년에 <맥퀸>(Bruce McEwen) 등에 의해 설치류 해마에 코르티솔 수용체가 존재한다는 것이 증명되었다. 이후 당류 코르티코스테로이드와 염류 코르티코이드 수용체가 설치류의 해마 영역에 존재한다는 것이 밝혀졌다. 또한 기억의 감정적 경험을 평가하는데 편도체가 중요하다는 것 역시 밝혀졌다. 이러한 연구 결과를 보면, 스트레스는 뇌에서 해마 영역의 기능적 그리고 구조적 변화를 일으킬 수 있으며, 구조적 변화에는 위축과 신경 발생 질환이 포함된다.

만성 스트레스와 그 결과로 혈장 내의 코르티솔의 증가는 수상돌기 가지와 뉴런의 수적 감소, 시냅스 연결의 구조적 변화, 해마 조직에서의 신경 발생의 감소를 일으킨다. 당류 코르티코스테로이드는 뉴런의 세포 내 대사에 영향을 미치거나, 자극적 아미노산에 대한 해마 세포의 민감성을 증가시키거나, 세포외 글루타메이트의 농도를 증가시켜 이러한 변화를 유도할 수 있다.

높은 스트레스 호르몬 농도는 서술 기억 장애를 일으킬 수 있다. 서술 기억이란 의식이 있는 상태에서 회상할 수 있는 기억으로 이름, 얼굴과 개념 등 사실적 정보에 대한 기억이나 사실에 관한 지식이 포함된다. 동물 실험 결과 스트레스는 해마 위축에 따른 공간 기억의 가역적 감소를 일으킬 수 있다. 혈장 내의 당류 코르티코스테로이드가 고농도로 장시간 존재하면 해마의 위축에 따른 기억 장애가 일어난다. 또한 당류 코르티코스테로이드의 분비가 증가된 <쿠싱 증후군> 또는 고농도의 항염증제를 투여 받은 사람들에게서 해마와 연관된 언어 장애가 관찰된다. <외상 후 스트레스 장애>를 가진 사람의 뇌 MRI 영상을 보면, 경증의 언어 장애에 관련된 뇌 부위와 해마의 용적이 감소되었다. 치료 차원의 당류 코르티코스테로이드와 덱사메타손(스테로이드의 일종)을 투여 받은 사람들조차도 명시적 기억 장애가 초래될 수 있다.

스트레스가 기억에 항상 악영향을 미치는 것은 아니다. 특정 조건하에서 스트레스는 기억을 향상시킬 수 있다. 이러한 조건에는 <친밀하지 않은 사이>와 생명이 위협 받는 조건 등이 포함된다. 이런 조건에서 스트레스는 일시적으로 뇌의 기능을 향상시키고 따라서 기억도 향상된다. 스트레스는 일부 상황에서 기억을 명료하게 하는데 이것은 침에서 코르티솔 농도의 감소와 연관이 있다.

기억 강화의 과정은 스트레스를 경험한 후에 향상된다. 동물과 사람을 모델로 한 연구 결과, 학습과정 직후 당류 코르티코스테로이드를 투여했거나 또는 스트레스가 주어졌을 때 기억이 촉진된다는 것이 밝혀졌다. 또한 학습과 기억을 향상시키는데 당류 코르티코스테로이드가 필요하다는 것이 밝혀졌다.

인지 능력은 뇌 기능의 또 다른 중요한 특징이다. 인지 능력은 감지한 자극의 수용과 지각 그리고 해석을 의미하는데, 여기에는 학습, 의사 결정, 주의력과 판단 등이 포함된다. 스트레스는 세기, 지속 시간, 기원과 크기에 따라 인지 능력에 영향을 미친다. 기억과 유사하게, 인지 능력도 주로 해마, 편도체와 측두엽에서 형성된다. 스트레스는 전반적으로 인지 능력을 감소시킨다. 따라서 스트레스를 감소시키는 행동은 인지 능력의 증가를 유도한다.

스트레스는 자율신경계와 중추신경계의 신경전달물질과 신경 펩타이드 시스템 그리고 자료 가공을 포함하는 뇌의 신경회로에 직접적 효과를 갖는 <시상하부-뇌하수체-부신 축>의 생리 시스템을 활성화시킨다. 스트레스의 활성화 결과 당류 코르티코스테로이드의 생성과 방출이 일어난다. 당류 코르티코스테로이드는 친지질성 분자이기 때문에 <혈액-뇌 장벽>을 확산을 통해 통과할 수 있으며. 기억 가공 및 인지 능력에 장기적인 효과를 발휘한다.

스트레스에 의한 인지 능력 장애는 많이 알려져 있다. 스트레스는 베타-아드레날린의 작용에 의해 단기적으로 인지 능력에 영향을 미칠 수 있다. 또한 당류 코르티코스테로이드는 만성적 영향을 미친다. 만성적 효과는 스테로이드에 의해 조절되는 유전자 발현의 변화에 의해 유도된다. 많은 기작이 인지 능력에 대한 스트레스의 효과를 조절한다. 예를 들어, 아드레날린성 스테로이드는 인지 능력과 기억의 회상 동안 해마의 기능에 영향을 미친다. 만성 스트레스 하에서 스테로이드 물질은 뉴런을 파괴한다. 스트레스에 노출되면, 해마와 연관된 인지 능력, 특히 공간 기억에 장애를 초래할 수 있다. 또한 스트레스는 해마의 치아 이랑(dentate gyrus) 영역에서의 뉴런의 신생(新生)을 중단시키거나 감소시킨다. 당류 코르티코스테로이드의 분비 감소는 성인에게서 공간 기억의 저장을 방해한다.

스트레스는 일상 생활의 일부처럼 친숙하다. 스트레스는 날마다, 다양한 형태로 형성된다. 가족한테 거짓말을 할 때, 일을 할 때, 건강, 돈, 사람 관계 등도 스트레스에 해당된다. 인간은 잠재적인 위협에 대처하거나(격투) 또는 회피(도주)한다. 좋지 않은 스트레스는 두통과 흉통 같은 육체적 증상을 유도할 수 있으며 격정과 슬픔 같은 정신 문제를 일으킬 수 있다. 스트레스는 분노의 폭발 또는 포식 같은 행동적 문제를 야기할 수도 있다.

미국의 <국립 정신건강연구소> 연구 결과에 따르면, 스트레스는 '어떤 요구에 대한 뇌의 반응'이라고 간단하게 정의할 수 있다. 이 정의에 따르면, 모든 스트레스가 나쁜 것은 아니다. 스트레스란 단순히 어떤 자극에 대한 반응이다. 스트레스는 뇌에 어떠한 영향을 미칠까? 스트레스에 노출되면 뇌의 일부는 좋은 쪽으로, 일부는 나쁜 쪽으로 잠재적 위협으로부터 자체를 보호하기 위한 일련의 반응을 일으킨다. 스트레스는 신체와 뇌에 부정적 영향을 미칠 수 있다. 스트레스는 정신적인 장해에서부터 뇌의 용적을 위축시키는 것까지 많은 부정적 영향을 끼친다.

일반적으로 성인의 1/3은 해마다 스트레스가 증가한다고 생각한다. 스트레스가 건강에서 중요한 결정 인자라는 것은 분명하다. 스트레스가 뇌의 생리를 실제적으로 바꿀 수 있는가? 지금까지의 과학적 지식으로는 그렇다. 스트레스의 형태는 다양하다. 일부 스트레스는 단일 사건 또는 단기간의 사건 결과로 형성된다. 다른 스트레스는 장기간의 질병 또는 구직 같이 반복되는 환경에서 일어난다. 반복되는 환경은 오랜 시간 동안 강하고 지속적으로 작용하는 스트레스를 일으킬 수 있으며, 이것을 만성 또는 독성 스트레스라 한다. 모든 스트레스가 생리적 반응을 유도하지만, 만성 스트레스는 신체와 뇌의 기능에 심각한 해를 끼칠 수 있다.

스트레스는 다양한 이유로 생긴다. 2015년도에 미국인들의 스트레스 유발 요인을 조사한 결과에 의하면, 성인이 겪는 스트레스의 주요 원인은 돈과 일이었다. 다른 스트레스 유발 요인은 가족 관계와 개인의 건강 문제 등이 포함된다. 또한 여성은 남성보다 스트레스에 대해 더 많이 지속적으로 노출되고 있다.

스트레스는 연쇄반응이다. 누군가가 스트레스를 경험한다면, 감정 가공에 관여하는 편도체가 해마로 고통스런 신호를 보내게 된다. 뇌의 이 부위는 신경계를 통하여 신체의 다른 부위와 교신하는 통제 센터 기능을 수행하여 인간으로 하여금 싸우거나 도피하게 한다. 이 <격투-도주 반응>은 스트레스와 연관된 반응인 심장 박동수 증가, 산소의 이용 증가, 아드레날린의 대량 방출 같은 육체적 반응과 관련이 있다. 최종적으로 코르티솔 호르몬이 방출되어 위 반응에서 사용된 에너지를 회복시켜 준다. 스트레스 반응이 끝나면 코르티솔의 농도는 평상시 수치로 되돌아온다. 코르티솔의 기능은 다중적이다. 코르티솔은 스트레스 반응 후에 신체의 균형을 회복하는데 관여하며, 세포 내의 당 농도를 조절하고, 기억의 저장과 가공에도 관여한다.

인간이 만성 스트레스에 노출되면, 신체는 보다 많은 코르티솔을 생성, 분비한다. 고농도의 코르티솔은 뇌의 기능을 소멸시킬 수 있다. 만성 스트레스는 시냅스 조절을 차단하여 사회성 상실을 일으킬 수 있고, 타인과의 접촉을 회피하게 만들기도 한다. 스트레스는 뇌세포를 죽일 수 있고, 뇌의 크기까지 축소시킬 수 있다. 만성 스트레스는 기억과 학습에 관여하는 전두엽 피질을 위축시킬 수 있다.

뇌와 신체에 미치는 스트레스의 효과는 각 개인의 생활 습관에 따라 다양할 것이다. 인간의 뇌와 마음에 손상을 입히는 스트레스로부터 우리 자신을 어떻게 보호할까? 스트레스에 잘 대처하기 위해서는 스트레스를 최소화하는 것이 지름길일 것이다.

스트레스를 잘 관리하고 결과적으로 뇌 손상을 방지하는 생활 습관은 무엇일까? 첫째, 자신이 겪게 될 상황에 대해 예측하고 준비하는 자세가 필요할 것이다. 즉, 일상적인 것을 유지하는 것이 스트레스에 덜 노출되고 궁극적으로 건강에 도움을 줄 것이다. 예측은 스트레스를 줄일 수 있다. 둘째, 편안한 수면을 취하는 것이다. 스트레스는 편하게 잘 수 없게 하며, 결국 잠의 부족은 스트레스를 악화시킨다. 수면 결핍은 뇌에서의 고차원적인 사고를 어렵게 만든다. 건강한 수면 습관을 가지면 스트레스를 덜 받게 된다. 그러기 위해서는 잠자리에 들고 일어나는 시간이 규칙적이어야 하며, 낮 시간 동안 카페인의 섭취량을 줄여 편안한 수면 환경을 만들어야 한다. 셋째, 필요하면 도움을 받는 것이 좋다. 다른 사람이 도움의 손길을 주면 여러분은 곧 원기를 회복할 수 있으며 스트레스를 훨씬 더 잘 조절할 수 있다. 넷째, 스트레스에 대한 우리의 태도를 바꾸는 것이 필요하다. 스트레스 없는 인생은 불가능하다. 사실, 어느 정도의 스트레스는 생활에 도움을 주기도 한다.

27 위대한 효모

요리는 예술이자 과학이다. 불은 요리를 가능하게 만든 자연계 최초의 도구였으며 두 번째 도구는 효모였을 것이다. 효모는 빵, 맥주와 포도주를 효율적으로 생산하는데, 이것은 효모가 산소 없이 당으로부터 에너지를 추출하는 발효란 과정에 적합하기 때문이다. 효모는 에너지 외에도 발효를 통해서 두 종류의 부산물을 생성한다. 이 중 하나인 이산화탄소는 발효시킨 빵을 부풀어 오르게 하며, 맥주에서는 거품을 형성한다. 알코올은 포도주와 맥주를 만든다. 효모는 발효 동안 소맥, 대맥, 또는 포도에 원래 존재하지 않던 많은 매혹적인 맛을 만들어낸다.

B.C. 3,100년 경 고대 이집트의 통치자였던 <스콜피온>(Scorpion)이 사망했을 당시에는 피라미드가 고안되기 전이라 스콜피온 사후 그는 석실 분묘에 묻혔다. 독일의 고고학자들이 이 석실 분묘 내에서 레지네이티드 포도주 4,500 리터가 담겨있는 700개의 항아리를 발견하였다. 고대에는 테레빈 나무로부터 추출한 수지(樹脂)를 이용하여 포도주가 식초로 변하는 것을 늦추고 이취(異臭)를 방지하기 위해 사용되었다. 또한 신선한 포도와 함께 무화과, 향료, 고수풀과 세이지가 함께 첨가되었다. 내용물은 현대의 포도주와 유사하지는 않지만, 현재에도 수지가 든 포도주를 제조하고 있다.

<블랙클리>(Seamus Blackley)는 이집트 학자인 <러브>(Serena Love)와 미생물학자인 <바우언>(Richard Bowman)과 함께 하버드대학에 있는 <피바디 고고 민속 박물관>의 소장품에서 휴면중인 효모 시료를 획득하였다. 그들은 맥주와 빵을 만드는데 사용된 고대 그릇으로부터 포자를 분리하여 효모를 배양하였다.

효모는 약 1,500종이 알려진 단세포 균류(菌類)로, 대부분은 자낭균(子囊

菌)류이며 소수가 담자균(擔子菌)류이다. 효모는 토양, 식물 표면 등 지구 곳곳에 존재한다. 특히 식물의 화밀과 과일 같은 달콤한 재료에 풍부하다. 자낭균류는 특히 경제적으로 중요한데, 빵, 맥주, 포도주의 생산에 주로 사용되며 대표적인 종(種)이 빵효모(*Saccharomyces cerevisiae*)이다. 일부 효모는 인간을 포함한 동물들에게 약한 정도에서 위험한 정도의 병독원으로 작용하기도 하는데 캔디다 알비칸스(*Candida albicans*), 히스토플라스마(*Histoplasma*)와 블라스토마이세스(*Blastomyces*) 등이 대표적이다.

효모는 진핵생물이다. 진핵생물이란 핵막이 있고 분업에 필요한 세포소기관을 갖고 있는 생물을 이른다. 효모의 직경은 약 0.075mm이며 대부분의 효모는 출아(出芽)에 의해 무성적으로 증식한다. 일부 효모는 부모 세포가 동일한 두 개의 세포로 나누어지는 분열에 의해 증식하기도 한다. 토룰라(Torula)는 불완전균류로 유성 포자를 생성하지 않는다.

식품 공장에서 효모는 발효를 일으키는데 사용된다. 효모는 당을 분해하여 알코올과 이산화탄소를 생성한다. 맥주와 포도주 제조에서 알코올은 바람직한 생성물이며, 제빵에서는 이산화탄소가 유용한 생성물이다. 발포성 포도주와 맥주에는 최종적으로 어느 정도의 이산화탄소가 함유된 것이다. 빵을 만들 때 생성되는 알코올은 반죽을 구울 때 날아간다. 포도주와 사워식빵(sourdough bread)의 발효는 공기 중에 존재하는 효모에 의해 자연적으로 일어나기도 한다.

상업적인 생산 공정에서는 선택된 효모를 사용하여 당(糖), 무기 염류와 암모니아가 포함된 용액에서 배양한다. 상업적으로 구입 가능한 효모는 약 50%의 단백질과 다양한 종류의 비타민이 함유되어 있기 때문에 양조 효모와 영양 효모는 비타민 보충제로 식용할 수 있다. 빵효모는 양조 효모와 같은 종이다.

포도주는 <스콜피온> 시대 훨씬 이전부터 만들어졌다. 북부 이란의 산에서 발견된 7,100년 된 질그릇 조각으로부터 얻은 주석산(朱錫酸) 잔기는 포도주 제조가 최소한 그 정도 오래되었다는 것을 말해주고 있다. 비슷한 시대에 인간은 발효시킨 빵과 맥주 제조법을 알고 있었다. 인간은 오랜 기간 동안 효모를 이용해 왔으며 전 세계적으로 유용한 식품을 만드는데 사용되어 왔다.

오랜 기간 동안 빵을 굽는 방법에서 혁신적인 변화는 없었다. 1859년에 <파스퇴르>(Louis Pasteur)가 표준화된 효모의 상업적 생산을 시작하기 전까지 거의 6,000년 동안 제빵 기법은 변하지 않았다. 현대의 가스 레인지, 전기 믹서와 푸드 프로세서의 도입으로 그 과정이 쉬워지고 빨라지고, 보다 신뢰성이 높아진 정도이다.

효모는 음식물을 분해하여 성장에 필요한 에너지를 얻는다. 효모가 가장 좋아하는 당류는 자당, 과당, 포도당과 맥아당 등 여러 가지 형태가 존재한다. 알코올 발효 과정은 유용한 최종 산물인 이산화탄소와 알코올을 생산한다. 이러한 최종 산물은 효모 세포에서 주변의 배지로 방출된다. 빵을 구울 때, 효모가 발효를 진행하면 이산화탄소는 반죽이 팽창하고 신축성이 있기 때문에 빠져 나갈 수가 없다. 이 확장하는 가스 때문에 반죽이 부풀어 오르게 된다. 발효 과정 동안 생성된 알코올과 다른 화합물들은 효모로 발효시킨 빵의 고유한 풍미와 향기를 추가한다.

발효는 자연계에서 자연적으로 일어난다. 많은 딸기 종류는 늦여름에 무르익을 때 당으로 가득 채워진 열매를 맺는다. 자연에 존재하는 효모가 이러한 딸기류의 표면에 정착하여 발효를 시켜 알코올을 생산한다. 효모는 대개 당과 아미노산 같은 용해성 영양분이 풍부하고 축축한 곳에서 자란다. 이러한 이유 때문에 효모는 잎과 과일 뿌리에 많이 존재하며, 여러 다양한 종류의 음식물에도 존재한다.

28 호르몬과 성행동

호르몬(hormone)은 그리스어로 "불러일으키다"라는 의미를 갖고 있다. 호르몬은 화학물질로 한 곳에서 분비된 다음 혈류를 타고 표적 기관이라 불리는 최종 목적지로 수송되어 기능을 발휘한다. 호르몬과 호르몬 생성 기관은 서로 연관된 화학 시스템으로 뇌, 척수, 신경과 감각 기관 같은 신체의 전기 시스템 같이 정교하게 균형을 맞추어준다. 호르몬은 다중의 복잡한 화학반응의 개시 또는 억제에 반드시 필요하다. 호르몬은 신체의 적절한 혈당 유지, 전체적인 대사율 유지, 수분 보유의 조절, 성장, 스트레스에 대한 신체 반응을 조절하고 행동의 조정에도 관여한다.

주된 성호르몬은 남성의 정소에서 분비되는 테스토스테론과 여성의 난소에서 분비되는 프로게스테론과 에스트로겐 등이다. 각 콩팥의 바로 위에 존재하는 기관인 부신도 소량의 테스토스테론과 다량의 약한 남성 호르몬인 안드로스테네디온(androstenedione)을 포함한 성호르몬과 함께 코르티솔, 코르티손, 격투-도주 반응 호르몬인 에피네프린을 분비한다. 남성과 여성은 서로 다른 성호르몬을 생성한다. 남성들도 월경주기 초기 상태의 여성이 생성하는 정도의 17-β에스트라디올을 생성한다. 남성의 혈류에는 대부분의 폐경기 여성 정도 또는 그보다 많은 양의 17-β에스트라디올과 에스트론이 함유되어 있다.

남성과 여성 모두에서 테스토스테론은 성적 충동에 강하게 영향을 미치는 호르몬으로 밝혀졌다. 부신이 제거된 여성들에 대한 연구 결과, 이들 여성들은 성적 욕망이 현저하게 감소되었다는 것이 밝혀졌다. 난소가 제거된 여성들도 성적 욕구의 감소되었다. 부신과 난소를 동시에 절제한 여성 집단에 대한 보고에서는, 수술 후에 모두가 영향을 받았는데 일부는 단순히 성교

횟수가 줄어든 반면 일부는 성 자체에 대한 관심을 완전히 상실했다.

테스토스테론을 투여 받은 여성에 대한 연구 결과, 테스토스테론이 여성에게서 성적 욕구를 조절한다는 사실이 밝혀졌다. 유방암 환자의 치료 과정에서 다량의 남성 호르몬을 투여 받은 여성 집단의 99%에서 성적 욕구가 현저하게 증가되었다고 답했다. 불감증과 월경 불순을 치료하기 위해 남성 호르몬을 투여 받은 100명 이상의 여성을 대상으로 행한 다른 연구에서도 이들 여성의 3/4 이상이 성욕 증가를 경험했으며, 일부 환자들은 자신의 성적 욕구가 지나치게 증가되었다고 불평하기도 했다. 같은 환자들 중 에스트로겐을 주기적으로 투여 받은 일부 집단의 여성들은 성욕에서 뚜렷한 차이를 경험하지 못했다고 응답했다.

테스토스테론은 종종 <남성다움과 강함>을 키워주는 약물로 사용되어 왔다. 의사들은 노인들의 발기부전, 성욕 감퇴를 포함한 다양한 문제들을 해결하기 위해 이 호르몬을 처치해왔다. 그러나 그러한 처치의 효율성은 불명확하다. 발기부전을 치료하기 위한 남성 호르몬의 효과에 대한 연구 결과, 육체적으로 건강한 남성들은 강화된 용량의 테스토스테론에 반응하지 않았는데, 결국은 심리적인 문제라는 것이 밝혀졌다. 즉 남성 호르몬 투여 후에 성적 능력이 향상되었다면 그 향상은 심리적인 걱정의 완화로부터 유래되었을 것이다.

동물을 이용한 연구 결과, 원시적인 생식소 같은 잠재적으로 양성인 민감한 신경조직이 존재한다는 것이 밝혀졌다. 뇌 기저부인 시상하부 부위에 존재하는 이런 조직들은 태아 발생과정 동안 명확하게 <수컷> 또는 <암컷> 뇌로 분화된다. 이 신경 조직은 사춘기에 수컷 또는 암컷의 교미 행동의 조절을 태아기 동안에 각인한다. 이런 현상을 일으키는 핵심 물질은 테스토스테론이다. 테스토스테론이 존재하면, <암컷> 패턴이 억제되며, <수컷> 조직이 사춘기에 생식샘자극호르몬이 안정적으로 분비되도록 조직화되고, 생식 행동 동안 수컷의 성적 반응을 조절한다. 한편 태아가 자궁 안에 존재할 때 테스토스테론이 없다면 민감한 뇌영역은 <암컷>으로 분화할 것이다.

수컷의 동성애는 뇌 조직이 분화되고 성적 행동의 예정화가 진행되는 결정적인 기간 동안 테스토스테론의 부적절한 공급과 연관되어 있을까? 여러 연구자들이 이 주제에 대해 관심을 가졌는데, 동성애 행동과 태아 호르몬 작용 사이의 가능한 상관관계가 알려지고 있다. 영국에서 발표된 한 보고에 따르면, 일군의 동성애 남성들은 이성애 남성들보다 소변에서 테스토스테론의 농도가 낮게 나타났다. 반면 레즈비언 여성들은 이성애 여성들보다 소변 시료에서 테스토스테론의 농도가 높았다. 동성애는 인간 집단의 약 5~10%에 존재한다. 남성에서 동성애의 발달에 영향을 미치는 한 가지 요인은 분만 전후에 시상하부를 포함한 뇌의 특정 부위에서 안드로겐의 작용이 선택적으로 방해받기 때문으로 알려졌다.

미국 세인트루이스에 있는 <Masters & Johnson 연구소>에서 30명의 젊은 동성애 대학생들을 상대로 혈장의 테스토스테론 농도와 정자 수를 측정한 결과 거의 전적으로 동성애자인 15명의 테스토스테론의 수치는 어느 정도 이성애 성향이 있는 나머지 15명보다 훨씬 낮은 농도를 보였다. 정자의 수치도 전적으로 동성애 남성에게서 현저하게 낮았다. 양성애자와 이성애자 사이에는 호르몬 농도나 정자의 수치에 거의 차이가 없었다. 빌라노바대학의 <야드>(Ingeborg Ward) 박사는 임신 기간 동안의 암컷 레트에게 심각한 스트레스를 가하면, 이 암컷 레트의 수컷 자손에게서 정상적인 생식적 발생이 차단되며, 실제로 이 자손들의 수컷다움이 제거된다는 사실을 밝혔다.

원숭이, 유인원과 사람을 포함한 고등동물은 레트나 기니피그처럼 출생 시에 중성적이지 않다. 고등동물은 학습과 사회적 경험의 개시 이전에 이미 수컷 또는 암컷의 행동 패턴에 대한 특이성을 획득하는데 영향을 미치는 초기 호르몬에 의해 예정화되어 있다. <오리건 지역 영장류 연구 센터>의 <고이>(Robert Goy) 박사는 60년대 후반에 행한 연구에서, 태아기 발생과정 동안 수컷 성호르몬에 노출된 암컷 붉은 원숭이는 나중에 암컷 패턴보다 수컷에 가까운 행동을 나타낸다는 것을 증명하였다. <고이> 박사는 임신 중인 원숭이 어미 집단에게 주기적으로 일정양의 테스토스테론을 주입한 결과, 생식기가 수컷의 외양을 갖는 암컷 자손인 <의자웅동체>(疑雌雄同體)가 태어났다. <고이> 박사는 수컷화된 암컷의 행동을 유아기까지 주의 깊게 관찰한 결과, 어린 수컷화된 암컷 원숭이는 다른 젊은 수컷의 그것과 유사한 행동을 보였다. 예를 들어, 수컷화된 암컷은 빈번하게 사회적 위협

행동을 보여주었다. 수컷화된 암컷은 위협적인 행동과 함께 성적(性的)인 놀이를 많이 행하였다. 이들은 일반적으로 젊은 수컷 원숭이에서 보이는 높은 수준의 힘과 활동성을 보여주었다. 이들의 놀이 행동은 정상적으로 나타나는 어린 암컷들의 행동보다는 수컷의 행동과 훨씬 유사했다.

1967년에 존스 홉킨스 의과대학의 <정신 호르몬 연구 센터>에서 행해진 연구에서도 태어나기 전에 사고로 남성화된 어린 소녀 10명에서도 동일하게 비정상적으로 높은 수준의 활동성이 관찰되었다. 의료 사고로 남성화된 10명의 어린 소녀들은 모두 같은 현상을 보였다. 이 소녀들의 엄마들은 임신 기간 동안 유산을 차단하기 위해 합성 호르몬인 프로게스틴(황체호르몬)을 복용하였다. 1950년대까지는 프로게스틴이 발생중인 여아 태아에게 남성화 효과를 미친다는 사실이 밝혀지지 않았다. 10명 중 9명이 확장된 음핵, 융합된 빈 음낭을 포함한 남성-유사 생식기를 가지고 태어났다. 이들은 태어난 지 얼마 되지 않아 외과적 교정을 받았는데, 그 시점부터 정상적으로 발생이 진행되었다. 10명 중 9명이 4~15세에 걸쳐 말괄량이 같이 활발하게 생활하였다. 이들은 트럭과 총, 그리고 소년들이 좋아하는 장난감을 선호했다. 이들은 야외를 좋아했으며, 나무를 타고 축구와 야구를 즐겼다. 이들은 또래의 여자 아이들보다 소년들과 같이 있는 것을 선호했고 소년들의 의복 스타일을 좋아했다.

<프로이트>(Sigmund Freud)는, 인간의 심리는 생물학적 <기반>이라는 구성 성분의 하나라는 생각을 가졌다. 그는 인간은 남자건 여자건 모두 비슷하며, 인간은 생리 기능의 포로라 생각하였다. 그는 타고난 성향과 경향은 행동에 심대한 효과를 발휘하며, 이러한 내적 성향은 두 성에서 서로 다르다고 생각했다. 그런 까닭에 그는 “신체 구조는 운명이다”라는 명제를 내걸었다. 현재의 일반적인 가정은 남성과 여성의 행동이 다른 것은 문화변용 때문에 다르다는 것이 일반적이다. ‘남성성’ 또는 ‘여성성’ 모두 사회적 훈련의 결과를 나타내는 것이다. 성호르몬에 대한 최근의 연구 결과는 <프로이트>의 아이디어가 보다 진실에 근접하다는 것을 암시한다. 내분비 연구 결과 출생 전의 성호르몬의 역할이 결정적인 사실이 밝혀졌다. 이들 호르몬은 남성과 여성의 생식 기관의 분화에 결정적일 뿐만 아니라, 태아 발생 기간 동

안 훗날 남성 또는 여성의 행동을 보여 줄 <뇌의 프로그램화>에도 중요하다.

사춘기는 성호르몬이 '깨어나는' 시기이다. 사춘기가 되면 뇌하수체는 생식샘자극호르몬을 혈류로 보낸다. 생식샘자극호르몬은 남성의 경우 정자의 생산과 정소에 존재하는 세포에 의한 테스토스테론의 분비를 자극하는 화학 매개체이다. 여성에서도 동일한 생식샘자극호르몬이 뇌하수체에서 방출된다. 여성에서는 이 호르몬이 순차적으로 작용한다. 먼저 이 호르몬은 난자의 성장을 촉진하고, 이어서 수정란을 받아들이는 자궁 내벽을 비후(肥厚)시키는 호르몬인 프로게스테론의 생성을 촉진한다. 차례로 성호르몬은 여성의 가슴 발달, 남성의 수염 성장 뿐만 아니라 사춘기 때 나타나는 행동적 변화 같은 2차 성징의 발달을 유도한다.

남성의 <성적 관심>에서 성호르몬의 역할은 분명하다. 안드로겐은 정상적인 성욕과 사정에 필수적이나 발기 기작은 안드로겐에 의존적이지 않다. 안드로겐은 성욕 상실을 치료하는 데는 유용하지만 발기부전을 치료하는 데는 적절하지 않다.

성적 욕망은 테스토스테론, 에스트로겐, 프로게스테론, 옥시토신과 바소프레신 같은 호르몬에 의해 영향 받는다. 대부분의 포유동물 종(種)에서 성호르몬은 성적 행동을 조절하나 인간을 포함한 영장류에서는 성호르몬이 교미 능력을 직접 조절하지는 않는다. 생식을 위한 교미가 일어나기 위해서는 남성이 여성에게 성적 매력을 보이고, 여성이 남성에게 성적 매력을 보여야 한다. 성적 행동에서 이런 성향은 출생 전후의 스테로이드의 기관 효과에 의해 조절된다. 태아와 출생 후 정소에서의 스테로이드 분비는 인간을 포함한 모든 포유동물에서 수컷화 및 <뇌 회로>의 발달에 결정적인 효과를 미친다. 수컷과 암컷의 성적 행동에 필요한 신경 회로가 양쪽 성의 뇌에 일부 존재하지만, 전형적인 수컷 포유동물에서는 암컷의 회로가 강한 신경 억제를 받는 반면, 암컷 포유동물 회로에서는 수컷 회로가 강한 억제를 받는다.

29 성결정

성(性)이 어떻게 결정되는가에 대한 관심은 고대로부터 인간의 큰 관심사였다. 우리나라의 경우 현재에도 아들을 낳기 위한 비방을 찾는 사람들이 적지 않다. <아리스토텔레스>(Aristotle)는 남녀의 성별(性別)은 성행위 중 남성의 열정에 의해 결정된다고 주장하였다. 그는 보다 열정적인 남자일수록 사내 아이가 태어날 확률이 높다고 하였으며, 사내 아이를 원하면 여름에 성관계를 갖는 것이 좋다고 하였다. 아리스토텔레스의 관점은 기독교 교회와 로마 시대의 외과 의사인 <갈렌>(Claudius Galenus)에 의해 계승되었고, 그가 저술한 해부학 책은 천년 넘게 표준이 되었다. 실제로 20세기 초반까지도 이러한 환경적인 요인이 성결정에 중요하다고 여겨져 왔다.

고대 사회 말기와 초기 그리스 시대의 자연철학자들은 생물학과 의학에 관심이 많았으며, 그 중 일부는 의사로 활동했다. 그들은 어머니의 '종자'(種子)가 존재하건 그렇지 않건 배(胚)의 형성과 유전 현상인 종자의 기원 같은 생식 문제에 관심을 집중시켰다. 그리스 시대에 의학은 하나의 기술(technē)로 성립되었다. 여기서 기술이란 '예술'과 '과학'을 동시에 의미한다. 이 시기의 의학적 담론은 주로 성, 신체 같은 주제에 대해 이루어졌다. 그리스의 생물학과 의학 책자는 남성 신체와 여성 신체의 남성성과 여성성의 범주에서 출판되었다.

고대 그리스의 생물학자들과 의사들은, 남녀의 성 차이는 배발생(胚發生) 과정부터 시작하여 태아 발생 과정 동안 지속된다고 생각하였다. 의학적 기준으로 볼 때 남성과 여성의 신체는 명백히 반대되는 특성을 가졌다고 생각하였다. 여성의 신체는 남성의 신체보다 습하고 차가우며 자궁은 살아있는 존재이고, 남성과 다른 해부학적 특이성을 갖고 있다고 여겼다. 남성과 여성 신체의 차이에 의해 인간의 본성(本性)까지 차이가 있다는 급진적인 생각에서부터, 완전성의 다소간의 차이 같은 상대적인 생각도 존재하였다. 즉 남성 신체에 비해 여성의 신체는 불완전하거나 발생이 초기에 멈춰진 완전치 못한 남성이며, 모친의 냉기가 남성 정액(精液)의 열보다 강하여 여성으로 태어난다고 생각하였다.

인간의 다양성을 설명하는데 있어서 두 개의 성으로는 충분하지 않다. 성서 시대에도 그랬고 지금도 그렇다. 생물학에 대한 지식이 많지 않았을 때, 인류는 성적 다양성을 허용하는 사회적 규범을 만들었다. 예를 들어 '토세프타'(Tosefta)라 알려진 고대 유대교 율법에는 종종 정소와 질을 동시에 갖는 남성과 여성 성기의 일부만을 갖는 여성이 언급되어 있다. 이런 사람들은 재산을 상속받지 못하고 사제로 봉사할 수도 없었다.

1905년에 이르러 여성은 XX, 남성은 XY라는 성염색체를 갖는다는 사실이 밝혀졌다. 포유류의 경우 암컷의 핵형(核型)은 XX이고 수컷은 XY이다. Y 염색체는 포유류의 성결정에 절대적인 인자이다. Y 염색체상에는 성결정 유전자가 존재한다. 예를 들어 4개의 X 염색체와 하나의 Y 염색체를 가진 사람(XXXXY)은 남성이다. 이에 비해 X 염색체 하나만을 갖고 태어난 사람(XO)은 여성이다. 여기서 O는 없다는 표시이다. 한편, 일부 파충류 등에서는 환경에 의해 성이 결정되는 현상들도 확인되었다.

한 개인이 남성과 여성의 특징을 모두 가졌을 때 간성(間性)이라 한다. 인구의 0.4~1.7%가 이 간성에 해당된다고 알려져 있다. 남성화에 결정적인 호르몬은 테스토스테론이다. 남성호르몬 불감증 환자는 테스토스테론의 수용체가 없기 때문에 테스토스테론에 반응하지 못한다. 그러나 부신에서 분비되는 에스트로겐의 영향으로 여성의 성징(性徵)이 나타난다. 이런 사람들은 외관상 정상적인 여성이나 복강에 정소(精巢)가 존재하며 테스토스테론은 작용하지 못하지만, 항뮐러관호르몬이 정상적으로 작용하여 뮐러관이 퇴화한다.

테스토스테론은 주요 남성화 인자 중 하나로 부정소, 정낭 및 정관 같은 남성 생식 기관의 발달을 자극한다. 그러나 요도, 전립샘, 음경과 음낭의 형성은 테스토스테론에서 전환된 효소인 5α-dihydrotestosterone(DHT)에 의해 촉진된다. DHT의 중요성은 테스토스테론을 DHT로 전환시키는 효소가 결핍되거나 돌연변이가 일어난 사람에서 볼 수 있다. 이런 증상을 가진 남자 아이는 정상적인 정소를 갖고 있으며 동시에 감춰진 질과 음핵을 가지고 있고, 외관상 여자 아이로 보인다. 그렇지만 이 여자 아이의 신체 내부는 뮐러관이 퇴화하고 볼프관이 발달되어 해부학적으로는 남성이다. 그리스 신화에 나오는 것처럼 이 아이가 사춘기가 되면, 정소에서 테스토스테론이 분비되어 남성 외부 생식가가 발달하게 된다. 그 결과 음경이 커지고 음낭이 밖으로 노출되어 여자 아이로 자랐던 소녀가 갑자기 청년으로 변하게 된다.

오래전부터 모든 인간을 남성과 여성 두 범주로 나누는 단일 생물학적 기준은 없었다. 1950년대에 심리학자인 <머니>(John Money)와 그의 동료들은 난소와 음경을 갖고 있거나 정소와 질을 동시에 갖고 있거나 또는 두 개의 X 염색체를 가진 사람이 음낭을 갖고 있는 경우 등 성적 지표가 비정상적으로 혼합되어 태어난 사람들에 대해 연구하였다. 이런 사람들이 간성(間性)으로, <머니>는 성적 발달 과정에 대한 다층 모델을 개발하였다. <머니>는 X 염색체를 보유한 난자와 X 또는 Y 염색체를 보유한 정자가 수정할 때 일어나는 현상에 대해 연구하였다. 이것은 가장 일반적인 수정 양식이다.

그러나 매우 드물게 난자 또는 정자에 성염색체가 하나 부족하거나 또는 여분의 염색체를 가질 수 있다. 이런 현상은 배우자체 형성과정 중 '염색체 비분리'라는 현상을 통해 일어날 수 있다. 이런 배우자체가 수정을 하게 되면 XXY, XXXY, XYY 또는 XO 같은 비정상적인 배아(胚芽)를 갖게 된다. 임신 8~12주 후에 배아는 태아 '생식샘 성별'을 획득하게 된다. 즉 Y 염색체를 갖는 배아는 '배아 정소'를 발생시키며 두 개의 X 염색체를 갖는 배아는 '배아 난소'를 발생시킨다.

태아의 '호르몬 성별 단계'에서 태아의 배 정소 또는 난소는 남성 또는 여성 방향으로 배아의 발생을 유도하는 호르몬을 생성한다. 태아의 성호르몬은 여성의 경우 자궁, 자궁 경부, 난관 그리고 남성의 경우 부정소, 전립샘 같은 내부의 생식 기관의 형성을 조정한다.

생물학에서 성결정은 한 개체 또는 자손의 성적 특성을 결정하는 양식이다. 이 양식은 한 생명체가 수컷 또는 암컷이 될 것인지를 결정하는데 결정적이다. 가장 넓게 이용되는 양식은 염색체에 의한 성결정이다. 성결정은 생명체의 성을 결정하는 유전적인 과정이다. 사람은 23쌍의 염색체를 가지고 있다. 이 중 22쌍은 상염색체이며 1쌍이 성염색체이다. 이 1쌍의 성염색체가 각 개체의 성을 결정한다. 즉 남성의 성염색체는 XY이고 여성의 성염색체는 XX이다.

여성은 두 개의 X 염색체를 보유하는데(XX) 각각은 양친으로부터 물려받는다. 남성은 XY 형태의 성염색체를 가지고 있는데 X 염색체는 엄마로부터 Y 염색체는 아빠로부터 물려받는다. 이런 차원에서 태어날 아이의 성결정은 아빠가 결정한다고 말할 수 있다. 남성의 정자형성과정에서 두 개의 배우자체가 생성되는데 하나는 X 염색체, 다른 하나는 Y 염색체를 가지고 있다. 수정 결과 생성된 접합자는 남성의 어떤 배우자체가 여성의 X 염색체와 융합했는지에 따라 성이 결정된다. 이런 연유 때문에 확률적으로 50%는 남아, 50%는 여아가 태어난다. 이런 양식의 성결정은 포유류 뿐만 아니라 일부 곤충과 어류에서도 관찰된다. 반면 조류는 ZW-ZZ 시스템이 적용되는데 ZW는 암컷이 되고, ZZ는 수컷이 된다.

Y 염색체에는 성결정에 필요한 무엇이 존재하는가? 인간의 정소 결정에 중요한 역할을 하는 유전자는 Y 염색체의 <짧은 팔> 부위에 존재한다. Y 염색체의 <긴 팔>이 결핍되고 <짧은 팔>만 가지고 태어난 어린이는 남성이다. 반면, <짧은 팔>이 없고 <긴 팔>을 갖고 태어난 사람은 여성이다. Y 염색체의 <짧은 팔>에 존재하는 남성화 유전자가 *SRY*(sex-determining region of Y chromosome) 유전자이다.

SRY 유전자는 정상 남성과 다수의 XX 남성에 존재하나 정상 XX 여성과 다수의 XY 여성에는 존재하지 않는다. *SRY* 유전자가 정소 결정 인자라는 증거는 생쥐를 이용한 형질전환 실험을 통해 밝혀졌다. *SRY* 유전자가 정소형성을 유도하는데 관여한다면 정상 XX 암컷 생쥐의 유전체에 *SRY* DNA를 도입시키면 이 XX 생쥐에서 정소가 형성될 것이다. 1991년에 <쿠프만>(Peter Koopman) 등이 *SRY* 유전자를 생쥐의 수정란에 주입시킨 결

과, 태어난 일부 XX 생쥐는 정소, 수컷의 부속 기관 및 음경이 발달하였다. 이런 실험을 통하여 Y 염색체의 <짧은 팔>에 존재하는 *SRY* 유전자가 포유류에서 정소 결정의 주된 인자임이 밝혀졌다.

수정 후 배아의 발생 과정이 시작된다. 이 과정에서 *SRY* 유전자가 존재하면 테스토스테론의 분비와 남성의 생식 기관의 형성이 개시된다. *SRY* 유전자는 다른 유전자의 발현을 개시시키는데 필요한 유전 요소인 전사인자이다. *SRY* 유전자는 발생중인 태아의 남성 유전자 세트의 발현을 개시시키는 총괄 스위치이다. 예를 들어 XXY 염색체를 갖는 클라인펠터 증후군을 갖는 사람의 경우, Y 염색체가 남성화 경로 스위치를 작동시켜 정소가 발달하고 일반적인 '남성'의 외모를 갖게 된다. Y 염색체가 없고 따라서 *SRY* 유전자가 없는 경우 배아는 테스토스테론 대신 에스트로겐을 분비하여 XX 여성의 여성 생식 기관을 발달시킨다.

다양한 곤충에서 발견되는 XO 성결정 양식에서 암컷은 XX 염색체를 보유하며 수컷은 X 염색체 하나만 보유한다. 꿀벌 세계에서는 수많은 알 중에서 일부만 수정되어 암컷으로 발생하고 나머지 미수정란은 수컷으로 발생한다. 따라서 이 양식에서 수컷은 아빠가 없으며 자손을 낳을 수도 없다. 꿀벌은 단수 배수성(haplodiploidy) 양식을 이용한다. 단일 염색체를 갖는 미수정란은 수컷으로 발생하고 두 세트의 염색체를 갖는 수정란은 암컷으로 발생한다. 단수 배수성에서 수컷은 성염색체와 상염색체 중 하나의 사본만을 물려받는다. 꿀벌은 한 마리의 여왕벌 주위에 군락을 이루어 병정벌과 일벌로 봉사한다.

한 마리의 여왕이 교미하기 위해 오직 한 마리의 수컷 벌을 선택한다면 여왕벌의 자손들은 아빠의 모든 유전자 세트를 물려받기 때문에 이 자손 집단은 유전자의 75%를 공유한다. 이 시스템이 복잡하긴 해도 이런 방식은 꿀벌의 사회적 본성을 공유하는 방향으로 진화되어 왔다고 여겨진다. 수컷 일벌은 유전자의 75%를 공유하는 자신의 형제들을 보호하는데 보다 헌신적일 것이라 여겨진다. 이에 비해 인간의 형제 자매는 유전자의 50%를 공유한다.

성결정에 염색체가 전혀 관여하지 않는 양식도 존재한다. 모든 악어류와 일부 거북은 수정 후의 환경 조건에 따라 성이 결정된다. 이들 파충류의 성을 결정하는 요소는 알이 부화하는 동안 특정 시기의 온도이며, 작은 온도 변화에도 성비(性比)가 급격하게 바뀐다. 실험적으로, 낮은 온도에서 알을 부화시키면 모두 같은 성을 가진 자손들이 태어나고, 높은 온도에서도 같은 성의 자손들만 태어난다. 1차 성결정이 성염색체의 조합에 의하는 포유류와 달리 이들의 성결정은 호르몬의 영향을 받는다. 이들 생물 종(種)에서 에스트로겐은 난소 발달에 필수적이다. 파충류에서 에스트로겐은 수컷화 온도에서도 난소의 분화를 유도할 수 있다. 예를 들어, 알에 에스트로겐 억제제를 주입한 후 암컷으로 발생하는 온도에서 부화시키면 모든 자손은 수컷으로 발생한다. 결론적으로, 성결정은 종에 따라 유전적인 요인과 환경적인 요인 모두가 작용한다고 볼 수 있다.

30 귀소본능

수구초심(首丘初心)이란 말이 있다. 여우가 죽을 때 여우 굴이 있던 언덕을 향해 머리를 향한다는 뜻으로, 자신의 근본을 잊지 않거나 혹은 죽어서라도 고향 땅에 묻히고 싶은 마음을 은유적으로 표현한 글귀다. 우리 사회에서도 은퇴 후 고향으로 돌아가 생활하는 사람들이 많다. 물론 이런 귀향(歸鄕)에는 본능적인 면 외에도 여러 사회경제적 요인이 존재할 것이다. 귀소본능(歸巢本能)은 친숙하지 않은 장소에서 원래의 장소를 향해 되돌아가는 동물의 태생적 성질이다.

일부 '암초 어류'에서도 놀랄만한 귀소현상이 존재한다. 연구 결과, '암초 어류' 치어(稚漁)들은 대양에서 수주 또는 수개월을 지낸 다음 성숙하여, 치어 때 머물렀던 곳으로 되돌아온다는 것이 밝혀졌다. 유명한 '니모를 찾아서' 영화의 주인공인 '주황 흰동가리'와 '베가본드 나비고기'도 그들이 최초로 부화했던 암초로 되돌아온다. 해양 어류는 매우 적은 수의 알을 수주(水柱)에 낳는다. 이들 알은 수류(水流) 주위에서 작은 치어로 부화하며 종종 몇 달씩 이곳에 머물기도 한다.

지금까지 어류에서 귀소 현상을 확인하는 것은 매우 어려운 일이었다. 특히 아주 작은 치어에게 인식표를 붙이는 것은 쉬운 일이 아니다. 이런 문제를 해결하기 위해 국제 연구팀이 결성되어 어미 어류의 포획과 치어에 인식표를 부착하는 문제 등을 해결하고자 하였다. 이들 연구팀은 파푸아 뉴기니의 킴베만 암초 지역 한 지점의 0.3km^2 내에서 암컷 '암초 어류'를 포획한 다음, 바륨 동위원소를 주입하였다. 암컷 어류는 이 동위원소를 발생 중인 자손에게 전달한다. 이 동위원소는 자손 어류의 뼈에 축적되어 어린 물고기에게 독특한 화학 신호를 부여하게 된다. 수주 후 연구팀은 '암초 어류'가 부화한 암초에서 어린 물고기들을 포획한 다음, 동위원소의 존재 유무를 조사하였다. 조사 결과 약 60%가 작은 영역의 고향으로 되돌아온 것을 확인하였다. 다만 과학자들은 이들 어류가 어떻게 귀환했는지에 대해서는 구체적으로 밝히지 못했다. 연구팀은, 이들 어류에게 자신들의 보금자리와의 감각적 접촉 기억이 어느 정도 남아있어 고유한 위치를 벗어나 멀리 표류하지는 않았을 것이라 추측하였다.

우연히 떠밀려 왔을 수도 있지만 이들 어류는 그들이 부화했던 고향으로 유영을 통해 돌아오는 귀소 기작을 갖고 있음이 분명하다. 비록 앞의 연구는 두 종에 한해서 수행되었지만 이러한 현상은 또 다른 '암초 어류'에도 적용 가능할 것이다. 이런 현상이 일반적이라면 이것은 해양 자원의 보존에 매우 중요하다. 이 현상은 시간이 흘러도 충분히 많은 어류들이 자신의 고향으로 되돌아오기 때문에 생물 종 보전에 중요하게 작용할 것이다.

인류는 약 12,000년 전부터 가축을 기르기 시작하였다. 인류는 많은 포유동물을 고기와 우유를 얻기 위해 길렀으며, 개는 충실한 외부 참입자의 감시자 및 사냥 동료가 되었다. 최초로 사육된 조류(鳥類)는 비둘기로 5,000년 전 메소포타미아의 쐐기문자에도 기록되어 있다. 많은 다른 동물과 마찬가지로 조류도 처음에는 식용으로 길러졌다. 그러다가 언제부터인가 어린 새들이 생식 능력을 갖기 시작하면서 육종가(育種家)들에게는 새로운 세상이 펼쳐졌다. 영국 북부에서는 경주용과 관상용의 두 가지 목적으로 비둘기를 육종하고 사육하였다. 이런 전통은 다윈에게까지 이어져 현란한 깃을 갖는 비둘기를 얻기 위해 다윈도 인위선택(人爲選擇)을 행하였다. 인위선택이란 농업이나 축산에서 유용한 형질을 갖는 개체를 선발하여 이들로 하여 자손을 남기게 하여 품종을 개량해 가는 양식을 말한다.

비둘기 경주의 시초는 조류의 불가사의한 귀소 능력에 근거하고 있다. 조류는 그들이 한 번도 가보지 않은 1,000km 이상 떨어진 곳에서도 자신의 고향으로 돌아올 수 있다. 어떤 비둘기는 1,900km 떨어진 곳에서 고향으로 돌아온 기록이 있다. 비둘기의 이런 능력은 비둘기에게 새롭고 중요한 임무를 부여하였다. 제2차 세계대전 이전까지 비둘기는 전시(戰時)에 메시지를 전달하는데 이용되었으며, 이러한 공로로 일부 비둘기는 메달을 수여받기도 했다. 많은 사육 조류는 야생으로 되돌아 갈 수 있다. 이런 현상은 도시에 사는 비둘기 집단에서 볼 수 있다. 비둘기 입장에서는 인간이 사는 도시가 고향이다. 이런 이유로 도시에 사는 비둘기들을 '날개 달린 쥐'라 부르기도 한다. 다른 동물들과 인간에게 고향은 우리가 사는 '보금자리'이고 우리가 어렸을 때 양육된 곳이다.

조류는 귀소 하는데 태양을 나침반으로 사용한다. 다른 종(種)들은 '향기 흔적', 수류(水流) 또는 기류(氣流)를 여행 가이드로 이용한다. 귀소 현상은 자신의 고향을 친숙한 지표로 삼아, 집에만 박혀 있는 사람을 포함하여 수많은 동물 종에서 관찰된다.

자연계에는 수많은 집짓기 사례가 존재한다. 흰개미는 다른 동물의 배설물을 그들의 도시를 구축하는데 사용한다. 꿀벌은 벌집을 만든다. 딱따구리는 단단한 목재에 구멍을 뚫어 보금자리를 만든다. 모든 동물은 열악한 날씨에 견딜 수 있고, 포식자로부터 보호 받을 수 있는 특별한 장소를 선택한다. 야생에서 이러한 보금자리는 이들 생물의 영원한 고향이다. 이런 집짓기와 그 곳에서의 삶은 내재적 고향이다. 조류와 꿀벌, 연어, 쥐와 고양이 등도 자신들이 어렸을 때 살던 곳을 떠나지 않거나 떠나도 자손을 낳기 위해 되돌아오는데 이것이 귀소 현상이다. 귀소 현상이란 친숙하지 않은 먼 곳으로 놓여 졌을 때조차도 자신의 고향으로 되돌아오는 능력을 말한다. 예를 들어 어떤 고양이는 자신을 보살피는 가족이 160km 이상 떨어진 곳으로 이사한 후에도 자신의 옛집으로 돌아왔다.

연어는 자신들이 부화한 곳의 물 냄새를 이용하고, 조류와 꿀벌은 태양, 별 또는 달을 그들의 항해에 이용한다고 알려져 있다. 다른 동물들은 작은 나침반처럼 작용하여 어느 쪽이 북쪽이라는 것을 알려주는 자기화(磁氣化)된 세포를 자신의 뇌(腦)에 갖고 있다. 바다 생물들은 대양에서 나는 음파를 항해 표지로 사용하기도 한다.

인간도 고양이와 같은 놀라운 방향-탐색 능력을 갖고 있는가? 지금까지의 연구 결과, 인간의 뇌에는 자기화된 어떤 세포도 존재하지 않는다고 알려져 있다. 예일대학의 신경해부학자인 <샤프>(Patricia Sharp)에 의하면 인간이 독특한 항해 시스템을 갖고 있는지는 아직 명확하지 않다. <샤프>는 인간도 고양이와 유사한 시스템을 갖고 있을 것이라 주장하였으나 그러한 추측을 입증할만한 증거는 아직 없다.

과학자들은 1,000km가 넘는 여행을 완벽하게 행하는 비둘기의 놀라운 능력의 비밀을 밝히고자 노력하고 있다. 한 가지 가능한 설명은 비둘기가 냄새로 자신의 항해 방향을 인식한다는 것이다. 비둘기는 그들 주변의 냄새 지도를 저장하여 자신들의 방향을 정하는데 사용한다는 것이다. 이런 주장은 비둘기들이 지구의 자장을 항해에 이용한다는 기존의 아이디어를 대체하는 것이다.

조류의 이동에 대한 최근의 놀랄만한 발견은 조류가 '후각 위치 찾기' 시스템을 갖고 있다는 것이다. 조류는 먹기 위해 딸기 같은 과일이나 포식할 곤충들이 있는 곳을 정확하게 알 수 있다. 일부 종은 별자리를 인식하기도 하는데, 이것은 밤에 비행할 때 도움을 줄 것이다.

조류는 엄청나게 먼 거리를 여행한다. 울새를 이용하여 일부 종은 오른쪽 눈을, 일부 종은 왼쪽 눈을 가린 새들을 먼 거리에 풀어 놓았을 때 왼쪽 눈을 가린 울새는 정상적으로 보금자리로 돌아왔으나 오른쪽 눈을 가린 울새는 그렇지 못했다. 이 결과는 매우 기이하다. 이 결과에 의하면 울새는 항해할 때 감지 가능한 한쪽 눈만을 이용하는 것인데 그 이유는 아직 모른다.

오클랜드대학의 <갈리아르도>(Gagliardo)는 실험을 통해 비둘기가 자기장을 감지할 수 있다는 것을 보여주었다. 물론 이것이 실제로 작용하는지는 별개의 문제이다. 이 문제를 해결하고자 그녀는 24마리의 어린 귀소성 비둘기에서 후각신호를 뇌로 전달하는 신경을 절단하였다. 또 다른 24마리의 비둘기는 자기장을 인식하는데 관여하는 뇌 영역과 연결된 삼차신경을 절단하였다. 그런 다음 이 48마리의 비둘기를 그들의 보금자리에서 48km 떨어진 곳에 놓아주었다. 그 결과 자기장을 탐지할 수 있는 능력을 상실한 비둘기 한 마리를 제외하고는 24시간 이내에 모두 보금자리로 되돌아왔다. 이것은 자기장 탐지 능력이 항해를 결정짓는 능력이 아니라는 결과이다. 반대로 북부 이탈리아의 상공에 흩날리는 냄새를 인식할 수 있는 후각신경에 연결된 부위가 절단된 비둘기는 단지 4마리만 보금자리로 돌아왔다.

영국에서는 매년 봄, 수억 마리의 새떼들이 새로운 자원을 찾기 위해 북

쪽으로 향한다. 갈매기는 북유럽에 존재하는 24시간 백야(白夜)를 이용해 북극으로 이동하는 반면, 제비와 다른 조류들은 영국의 서머타임 기간 동안 아프리카로 이동한다. 이러한 장거리 여행에 수반되는 항해 기법은 과학자들 사이에 심각한 논쟁거리다. 이 중에서 주된 이론 중 하나는, 일부 조류가 그들이 비행할 때 본 지형의 시각 지도를 기억한다는 주장이다. 또 다른 주장은 조류가 지구의 자기장 선을 따라 비행한다는 것이며, 다른 하나는 야간에 비행하는 조류는 하늘의 별자리 지도를 기억한다는 것이다.

후각의 탐지 능력이 뛰어난 비둘기의 항해 능력은 자연 세계에서 가장 정확하다고 알려져 있다. 비둘기는 낯선 곳에 놓여져도 보금자리를 찾아오는 능력이 탁월하다. 이런 탁월성을 성취하는데 후각을 이용하다는 것은 더욱 놀라운 일이다.

인간이 스마트폰의 지도와 GPS를 이용할 수 있는 능력은 우리가 어디에 위치하고 있는가를 정확하게 알려주고, 또한 A 지역에서 B 지역으로 어떻게 갈 것인가를 알려준다. 그러나 장거리를 이동하는 동물들은 그들 자신 내부의 GPS와 지도를 이용하여 오래 전부터 이 문제를 해결하여 왔다. 초기의 이동 추적 관찰 결과, 동물은 놀랄만한 회귀 능력을 보유하고 있다는 사실이 밝혀졌다. 1950년대에 '바닷새'가 영국의 웨일스에서 보스톤으로 이동한 다음 다시 웨일스의 보금자리로 2주 만에 되돌아온 사례가 관찰되었다.

과학자들은 엄청나게 먼 거리를 이동하는 조류의 능력을 확인하기 위해 노력하고 있다. 그 연구 중의 하나로, 네덜란드에서 스위스로 이동하는 10,000마리 이상의 찌르레기를 관찰하였다. 일부 성체 찌르레기들은 그들의 공동 좌표에 의해 방향을 틀어 자신들의 겨울 목적지인 영국과 프랑스의 북부 지역으로 이동하였다. 생애 처음 비행에 나선 새들은 예정된 목적지와 더불어, 조금 떨어진 프랑스 남부와 스페인으로도 향했다. 이 결과에 의하면 조류는 내부의 시계와 나침반을 갖고 있으나, 그들이 이동할 곳을 알려주는 지도는 없는 듯하다.

논란이 많지만 조류는 태양과 별을 나침반으로 이용하는 자기장을 사용한다고 알려져 있다. 과학자들은 오랜 시간 동안 조류가 다중의 단서들을 이용하여 그들의 위치를 재산정할 수 있다고 생각해왔다. 이러한 단서 중

하나가 후각이다.

곤충이 어떻게 항해하는지에 대한 답은 더욱 혼란스럽다. 멕시코와 미국 동부 사이를 이동하는 제왕나비에 대한 연구 결과, 나비의 안테나를 흑색으로 칠하면 방향 감각을 상실한다는 것이 밝혀졌다. 이 연구 결과로 한때 주된 냄새 감지 기관이라 여겨졌던 안테나가 태양 광선을 감지할 수 있고 태양의 위치에 따라 조정되는 내장된 시계를 갖고 있는 것 같다. 포유동물에도 항해자가 존재한다. 예를 들어 박쥐는 지구의 자기장을 이용할 수 있고 자기장을 나침반으로 사용한다.

31 괴물의 형성

<호머>(Homer)의 오디세이는 근본적으로 괴물을 만드는 매뉴얼로 알려져 있다. 머리가 뱀으로 이루어져 있는 여인이 있고 그녀의 섬광은 누군가를 돌로 변화시킬 수 있다. 머리가 세개인 개, 황소 머리를 가진 사람, 사자, 염소의 머리를 가진 생명체와 뱀의 꼬리를 가진 생명체도 있다. 새의 꼬리, 날개와 몸통에 여인의 몸통이 결합된 생명체도 있다. 현재까지 우리에게 전해지는 고대 그리스 시대의 괴물들은 그리 많지 않다. 그 괴물들은 무시무시하고, 늙은 말을 사냥하고 충돌한다. 그리스인들은 또한 천벌을 내리는 재능을 가졌다. 바위에 묶여 있는 동안 독수리가 당신의 간을 매일, 영원히 파먹는 모습을 상상해보자. 물론, 현대적 의미로 간은 인체에서 유일하게 보상적으로 재생되는 기관이다. 이 유산은 현재까지 지속되어 왔으며, 이러한 전설들은 프랑캔슈타인에서 해리 포터에 이르기까지 여러 곳에서 그 흔적을 발견할 수 있다.

사회는 질서 있게 돌아간다. 그 질서는 환경에 따라 다를 것이나, 인간은 사회적 경험 내에서 자신을 정의하고 예측할 수 있도록 도와주는 행동 유형에 의해 지배받는다. 서로 인사를 하거나, 뒤에 오는 사람을 위해 문을 열고 있거나, 계단에서 한쪽에 서 있거나 운동 대회에서 적당한 스포츠 웨어를 입는 것 등은 상호작용(대인관계)에 필요한 요인을 설정하는데 도움을 준다. 인사를 하는 것은 상호적이다. 정중함을 표하는 것에 지나지 않는 것이 아니라 또 다른 차원에서 우리에게 친밀한 사람을 규정하는데 도움을 줄 것이다. 이런 일은 모닝 커피를 같이 마시거나 회의에서 옆자리에 앉는 행위 등 유사한 다른 일에서도 일어날 수 있다. 이런 사람들은 나를 좋아할 것이다.

적절하지 못한 인사나 다른 의미로 인사를 하는 등 부적절한 행동은 타인에게 경계심을 불러일으킬 것이다. 인간의 행동이 약속된 범위 밖에서 일어난다면 경계심을 불러일으킬 것이다. 예를 들어 여러분이 주말 스포츠 경기에 여러분이 좋아하는 팀의 의상을 입을 수 있으나, 반대의 경우라면 그런 행동은 적대감을 불러일으킬 것이다. 우측 통행 계단에서 일반적인 통행 흐름을 거슬러 왼쪽으로 급하게 뛰어가는 사람이 있다면, 극심하게 혼잡하거나 응급사태가 있을 것이라 여길 것이다. 이런 행위는 절대 할 수 없는 행위는 아니나, 무언가 잘못된다는 신호로는 충분하다.

그리스 신화의 괴물들은 사회의 기준을 파괴하는 경향이 있다. 그리스 신화들은 사회적 규범의 일탈을 강조할 뿐만 아니라 주변부로 몰아내는 특징을 가지고 있다. 이런 측면에서 호머의 오디세이는 괴물을 만드는 매뉴얼로 작용할 수 있다. <오디세우스>의 <파에시안>(Phaeacian) 주인에 대한 그의 여행을 자세히 기록한 것은 공포스런 만남과 사건들의 수수께끼이다.

<오디세우스>는 주인에게 복종했으며 높은 존경심을 가지고 섬겼는데, 이것은 방문자를 어떻게 대접해야 하는가에 대한 사회적 견해의 반영이다. 그들을 여러분의 식탁으로 초대하는 것이 한 구성성분이다. '왕좌의 게임'의 <레드 웨딩>은 이런 사회적 계약의 심각한 침해이고 손님에게 말뿐이고 적대적인 것 역시 중요하다. <파에시안>이 제공한 욕실, 연회, 포도주의 경우는 주인의 탁월한 자세이다. 그의 괴물들은 이러한 기대를 파괴하고 무시하기 위해 청중들을 배회하였다. 그들은 법이 없고, 농사를 지을 줄 몰랐다. 그들은 시민화되고 합법적인 <오디세우스>와 <파에시안>과는 정반대였다. 괴물을 만들기 위해서 당신은 여러분의 청중들을 알아야 한다. 그들이 무엇을 기대하는지를 알아야 당신은 그것을 곡해할 수 있다. 이것이 우리에게 현재까지 전해 내려온 그리스 신화의 교훈일 것이다.

32 바이러스와 인간

바이러스는 매우 작은 감염원이다. 바이러스는 DNA 또는 RNA로 된 유전물질과 이것을 둘러싸고 있는 단백질 외투로 구성되어 있다. 바이러스는 숙주 세포에 침투하여 숙주 세포의 구성 성분을 이용하여 증식한다. 이 과정은 종종 감염된 세포를 파괴한다. 바이러스 질환은 바이러스에 의해 생기는 질병 또는 건강 상태를 이른다. 모든 바이러스가 감염성인 것은 아니다. 감염성 바이러스 질환에는 인플루엔자 바이러스, HIV와 헤르페스 등이 포함된다.

<이바노프스키>(Dmitri Ivanovsky)는 1892년에 발표한 논문에서 담배에 감염하는 비세균성 병독원을 설명하였다. 1898년에 <베이에링크>(Martinus Beijerinck)에 의해 담배 모자이크 바이러스가 발견되었다. 이후 약 5,000종의 바이러스가 구체적으로 기술되었다. 바이러스는 지구상의 거의 모든 생태계에서 발견되며, 가장 많은 유형은 생물체에 존재한다. 1898년에 <뢰퍼>(Friedrich Loeffler)와 <프로쉬>(Paul Frosch)는 가축에서 구제역을 일으키는 감염성 입자가 어떤 세균보다 작다는 것을 발견하였다. 이것이 바이러스의 특성에 대한 최초의 단서였다.

수천 년 전부터 바이러스는 인간을 포함한 동식물에 여러 질병을 일으켰다. 바이러스라는 용어는 '독소'라는 라틴어에서 유래하였다. 이름에서 알 수 있듯이 바이러스는 진핵생물에서 많은 질병을 일으킨다. 인간의 경우, 천연두, 감기, 수두, 인플루엔자, 대상포진, 간염, 소아마비, 광견병, 에볼라, 유행성 출혈열과 에이즈 같은 것이 바이러스 질환의 예들이다. 일부 유형의 암도 바이러스와 연관되어 있다. 자궁경부암과 카포시육종 같은 암은 바이러스에 의해 유발된다고 알려져 있다.

바이러스 자체의 화석 기록은 없으나 생명의 역사에서 그 흔적을 찾을 수 있다. 바이러스는 화석 기록에서 나타나는 일부 종(種의) 멸종과 관련이 있는 듯하다. 일부 학자들은 바이러스 질환의 대확산이 공룡과 다른 생명체의 대량 멸종의 원인이라 생각하기도 한다. 이 이론은 증명하기 어려우나, 특정 바이러스는 전형적으로 오직 한 종 또는 연관된 종 집단에서만 질병을 일으킨다는 면에서 설득력을 갖고 있다.

세포가 바이러스에 감염되면 다양한 효과가 나타난다. 많은 바이러스가 질병을 일으킬 수 있고 또는 전혀 해가 없을 수도 있다. 바이러스는 인간을 포함하여 모든 생물체에 감염될 수 있다. 식물 바이러스는 농작물의 수확 감소를 일으키기 때문에 집중적으로 연구되어 왔다. 의사들은 돼지의 장기를 사람에게 이식할 경우 돼지의 레트로 바이러스가 인간에게 전파될 가능성을 염려한다.

바이러스는 서로 다른 숙주 사이에 유전 물질을 운반할 수 있기 때문에, 유전공학에 광범위하게 사용되고 있다. 바이러스는 그 자체가 유전 물질을 숙주 세포에 삽입시켜 복제하고 이 유전 정보를 새로운 숙주에게 전달하는 자연적인 유전공학자이다. 이런 현상을 형질감염이라 하며, 이것은 진화적 변화에 하나의 수단으로 작용하였을 것이다. 우두 바이러스와 광견병 바이러스를 통해 백신 개발이 이루어졌으며, DNA가 유전 물질임을 증명하는데 사용된 재료도 T2 박테리오파지였다.

바이러스도 다른 유전체와 마찬가지로 진화한다. 바이러스 진화의 예는 토끼의 점액종 바이러스에서 볼 수 있다. 점액종 바이러스는 1950년에 호주에서 농작물에 해를 끼치는 야생 토끼를 없애기 위해 도입하였다. 이 사업은 초기에는 성공적이었으나 불과 2년 만에 이 바이러스는 더 이상 작용하지 못하였다. 최초의 바이러스와 2년 뒤에 감염된 야생 토끼에서 분리한 바이러스를 비교한 결과 두 바이러스 사이에 큰 차이점이 존재하였다. 최초의 바이러스에 감염된 토끼의 99% 이상이 2주 이내에 죽었으나, 2년 뒤에 분리된 바이러스의 80%는 치사율이 70~95%로 감소하였고 감염된 토끼의 생존 기간 역시 2배로 증가하였다. 즉 야생형의 점액성 바이러스가 독성이 약한 형태로 진화된 것이다.

사람의 후천성 면역결핍증 바이러스(HIV)가 발견된 이후 지난 40여 년간 6,000만 명 이상이 죽었고 이 바이러스에 감염된 사람은 거의 두 배에 이른다. 아프리카에서는 HIV의 폭발적인 감염으로 인구가 격감하기도 했다. 현재는 HIV에 대한 항바이러스제 개발로 감염된 사람들의 수명이 연장되고 생활의 질이 나아지기는 했지만 아직도 완전한 치료법이나 백신은 없는 형편이다.

에볼라(Evola) 바이러스는 그 동안 HIV보다 희생자가 적었지만 최근에 서아프리카에서의 창궐은 HIV 보다 더 큰 위력을 떨치고 있다. 1989년에 <리처드 프레스톤>(Richard Preston)이 저술한 열구역(The Hot Zone)에서 저자는 실제로 일어난 사건을 중심으로 공상과학 소설처럼 에볼라 전염병에 대해 서술하였다. 에볼라 바이러스는 혈액, 조직과 체액을 통해 다른 사람에게 전파될 수 있고 출혈열을 일으킨다. 에볼라 바이러스에 감염되면 50% 이상의 치사율을 나타낸다. 치료법이 없기 때문에 발병되면 격리 공간에서 생사의 갈림길을 운명에 맡길 뿐이다. 최근 뉴욕 타임즈에 실린 에볼라 관련 기사의 제목이 <에볼라에 대해 얘기하는 것도 두렵다>라는 표현에서 이 질병의 심각성을 알 수 있다.

인간이 다른 동물과 연관되어 있는 한 감염성 질병을 공유할 수밖에 없다. 이런 감염성 질병을 일으키는 병독원은 박멸시킬 수 없고 조절만 할 수 있다. 인간은 백신과 다른 방법들을 이용하여 감염성 질병으로부터 자신을 보호할 수 있다. 박멸됐다고 여겨지는 천연두 같이 질병 박멸에 대한 인간의 꿈은 인수공통 질병에는 적용되지 않는다. 다른 동물 종에 존재하는 질병 매개체는 그 동물을 박멸시키지 않는 한 공존할 수밖에 없다.

많은 전염성 바이러스가 박쥐에 감염되어 있으며 인간에게도 큰 영향을 미치고 있다. 그러나 박쥐는 생태계에서 엄청난 중요성을 가지고 있다. 박쥐 유래 질병이 많다고 해서 박쥐를 박멸시킬 수는 없다. 해결책은 이러한 질병의 실체를 이해하고 다루는 수 밖에 없다. 한편, 인간에 감염된 병원체가 다른 동물을 감염시킬 수도 있다. 아프리카에 서식하는 고릴라, 침팬지와 원숭이 등은 과학자나 관광객이 옮긴 병독원에 의해 감염되었다. 이들 동물에서 세균이나 원생동물 병원균과 함께 홍역, 소아마비와 인플루엔자 바이러스 등 인간 유래 바이러스가 검출되고 있다.

바이러스가 생존하기 위해서는 다른 숙주가 필요하다. 바이러스는 동물, 식물, 기생체, 세균 세포에 감염할 수 있으며, 심지어 다른 바이러스에 감염하기도 한다. 이런 까닭에 감염된 숙주는 죽거나 또는 감염을 제거하게 된다. 바이러스는 숙주 생물에 의존하여 복제한다. 숙주 세포 외부에서 바이러스는 단백질 외투 또는 캡시드로 존재한다. 캡시드는 바이러스 구성 성분을 지정하는 DNA 또는 RNA를 갖고 있다. 이런 형태의 바이러스가 세포 외부에 존재할 때 바이러스는 대사 활동이 없다. 성숙하게 되면 딸 바이러스들이 세포를 깨고 나와 주위로 확산된다. 이런 현상을 용균 감염이라 한다.

숙주 면역계가 효과적으로 작동한다면 바이러스에 감염된 세포는 숙주에 의해 죽게 되고 바이러스 생활사는 멈추고 감염이 치료된다. 그러나 이것은 모든 바이러스 감염에 해당되지 않는다. 바이러스가 세포 내에서 손상을 입히지 않으면서 지속적으로 존재하여 세포를 운반체로 이용할 수 있다. 이런 경우 환자는 치료된 것처럼 보이지만, 감염은 지속되며 다른 사람에게 전파될 수 있다. 게다가 나중에 감염 증상이 다시 나타날 수도 있다.

바이러스는 전적으로 세포내 기생체이다. 이것은 그들의 생활사를 숙주 생물의 세포가 제공하는 기능에 전적으로 의존한다는 것을 의미한다. 바이러스는 대개 사람 대 사람으로 직접 전이되나 일부 바이러스는 음식이나 물을 통해서도 전이된다. 세균과 달리 바이러스는 음식물에서 증식하거나 독소를 생성하지는 않는다. 음식 자체는 단지 수동적인 전이의 운반체로 작용할 뿐이다. 위장관을 통해 감염되는 바이러스는 잠재적인 음식물 유래 병독원으로 여겨지는데, 가장 흔하게 보고된 음식물 유래 바이러스 감염은 위장염이며, 드물게 간염도 존재한다. 이 두 질병의 임상 특징은 다르지만 음식으로 전이되는 양식은 전적으로 동일하다.

바이러스는 입자 및 게놈의 구조와 증식 양식에 따라 극단적으로 다양하게 존재한다. 바이러스는 단지 3개의 유전자를 갖는 것에서부터 1,000개 이상의 유전자를 보유한 것도 존재한다. 현재까지 알려진 가장 큰 바이러스는 미미 바이러스(Mimivirus)이다. 이 바이러스는 원시적인 진핵생물에 감염한다. 미미 바이러스와 유사 종들의 직경은 약 0.75μm이며, 편모에 둘러싸인 큰 정십이면체 캡시드를 가지고 있다. 이들의 게놈은 이중나선 DNA로 약 1.2Mbp이며, 일부 세균의 게놈보다 더 크다. 미미 바이러스의 숙주는 대개 원생생물이다.

복합형 바이러스(Complex viruses)는 머리, 꼬리와 꼬리 섬유로 구성된 복잡한 외부 구조를 갖고 있다. 이 바이러스의 게놈은 대개 선형의 이중나선 DNA로 머리 부분에 포장되어 있다. 꼬리는 세균 세포벽과 세포질로 바이러스의 게놈을 주입하는데 사용된다. 꼬리 섬유는 바이러스가 세균의 외부 표면에 부착하는데 사용된다. 복합형 바이러스의 예로는 박테리오파아지 T4, 람다와 무(Mu) 등이 있으며, 이 모든 바이러스는 분자생물학적 기법에 사용되고 있다. 마마 바이러스(Poxviruses)는 가장 복잡한 동물 바이러스이다. 핵에서 복제되는 대부분의 바이러스와 달리, 마마 바이러스는 세포질 내의 아세포(亞細胞) 공장에서 복제된다.

32 알코올성 망각

알코올을 과량 섭취한 사람은 춤을 추거나 대화를 이어가거나 또는 운전 같은 복잡한 일을 수행할 수는 있으나 훗날 이러한 일들에 대한 기억이 전혀 없게 된다. 망각이라 알려진 이러한 기억 상실 기간은 몇 분에서 몇 시간까지 지속될 수 있다. 최근 워싱턴 의과대학의 신경과학자들은 망각에 관련된 뇌세포를 동정하였으며 망각의 분자적 기작을 밝혔다. 2011년도 신경과학 6월호에 발표된 내용에 따르면, 과량의 알코올은 이전에는 뇌세포를 죽인다고 여겨졌으나 반드시 그렇지 않다는 사실이 밝혀졌다. 대신에 알코올은 뇌에 존재하는 몇몇 핵심적인 수용체를 방해하여 차례로 기억과 학습에 결정적인 뉴런과 뉴런 사이의 연결을 강화하는 과정인 <장기상승작용>을 억제하는 스테로이드를 생성한다. 알코올 노출에 의해 기억 형성이 억제될 때 어떤 일이 일어나는지를 이해하는 것이 기억을 향상시키는 전략일 것이다.

워싱턴 의과대학의 정신의학 교수인 <이즈미>(Yukitoshi Izumi) 박사에 따르면, 기억형성 기작은 뉴런 사이의 신호를 전달하는 글루타메이트를 전달하는 NMDA 수용체를 포함한다. NMDA 수용체는 활성이 너무 강하거나 너무 약하면 독성을 띠기 때문에 양날의 칼과 같다. 이들의 연구에 따르면 알코올에 노출되면 일부 수용체가 억제를 받고 다른 것은 활성화되어 뉴런이 장기상승작용과 기억 형성을 억제하는 스테로이드를 생성하게 한다. <이즈미> 교수에 따르면, 여러 다양한 수용체가 인지 기능에 중요하다고 알려진 뇌의 해마에서 <시냅스 가소성>을 방해하는데 관여한다고 한다. 플라스틱이 다양한 모양으로 형상을 바꿀 수 있듯이 <시냅스 가소성>은 신경세포가 연결되어 교신하는 <시냅스>의 변화 가능한 특성을 설명하는 용어이다. 장기상승작용은 기억 형성에 필요한 시냅스 기작이다.

알코올에 의해 영향 받는 뇌세포는 고등 인지 기능에 관련된 뇌 구조인 해마와 다른 뇌 구조에서 발견된다. <이즈미> 교수 그룹은 쥐의 뇌로부터 해마 절편을 만들어 연구하였다. 그들은 해마 세포에 적당량의 알코올을 처리하면 장기상승작용이 영향을 받지 않으나 과량의 알코올을 처리하면 기억 형성 기작이 억제 받는다는 사실을 밝혔다. 장기상승작용을 차단하려면 상당량의 알코올이 필요하다는 것이 밝혀졌으나, 그 기작이 직접적으로 밝혀진 것은 아니다. 알코올은 이러한 수용체를 격발시켜 표면적으로는 모순된 방법으로 기억을 생성하는 신경신호를 실제적으로 봉쇄하는 것으로 여겨진다. 이것이 만취한 사람들이 전날 밤 무슨 일을 했는지 기억하지 못하는 현상을 설명하기도 한다. 그러나 모든 NMDA 수용체가 알코올에 의해 봉쇄되지 않는 대신 그들의 활성이 거의 절반으로 감소한다. 알코올에 노출되면 일부 NMDA 수용체는 봉쇄되고, 일부 NMDA 수용체는 활성화되어 뉴런이 이러한 스테로이드 호르몬을 생성하도록 한다.

알코올이 뉴런을 죽여서 망각을 일으키는 것이 아니라, 스테로이드 호르몬이 장기상승작용과 기억 형성을 손상시키는 시냅스 가소성을 방해한다는 사실이 밝혀졌다. 엄청나게 많은 양의 알코올을 섭취했을 때 조차도, 뇌 세포가 교신하는 데 있어서 어떠한 변화도 찾아내기 어려우며 우리의 뇌는 계속 정보를 가공하고 있다. 여러분의 감각은 마비되지 않았고 단지 새로운 기억이 형성되지 못한 것이다.

해마 세포에 대한 스트레스도 기억 형성을 차단할 수 있다. 알코올과 다른 약물을 혼합 복용하면, 각각을 단독으로 복용했을 때보다 망각증에 걸릴 확률이 높아진다. 뉴런에 의한 스테로이드 호르몬의 생성을 봉쇄할 수 있다면 해마에서 장기상승작용을 그대로 유지할 수 있을 것이다. 이러한 약물로 피나스테라이드(finasteride)와 두타스테라이드(dutasteride) 같은 5-알파 환원효소 억제제를 들 수 있는데, 이 약물들이 기억을 유지시키는 물질로 작용하는 것 같다.

여러분이 잡담을 즐긴다면, 여러분의 뇌는 그러한 잡담에 대해 기록하는 것을 멈춘다. 그 결과 수 분에서 수 시간 동안 기억이 희미하거나 없을 수 있다. 불행하게도 알코올-유도 망각은 흔한 편이다. 2015년에 영국의 10대들을 대상으로 조사한 결과 술을 마신 15세 그룹의 30%가, 19세 그룹의 75%가 알코올-유도 망각을 경험했다고 보고되었다. 의학 용어로 이런 기억 상실은 일시적인 건망증으로, 새로운 기억이 형성되는 것이 제한된 시간 동안 손상된 상태를 이른다. 이것은 뇌가 기록할 수 없고 기억을 저장할 수 없기 때문에 시간의 한 단위를 기억할 수 없다는 것이다.

신경과학자들이 망각증이 어떻게 일어나는지 완전하게 이해하는 것은 아니다. 과학자들은 오랫동안 알코올이 뇌세포를 죽이기 때문에 기억이 손상된다고 여겨져 왔다. 사실, 지속적인 알코올 남용은 신경세포를 죽일 수 있고 영구적으로 기억과 학습에 영향을 미치게 된다. 그러나, 뇌 손상은 격심한 망각증 다음에 일어난다. 새로운 기억의 형성, 저장과 회복에 관여하는 뇌 영역인 해마에서의 과정들이 저해를 받는다는 것은 분명하다. 특히, 알코올은 해마의 추체 세포에서 시냅스의 장기상승작용을 억제한다. 알코올은 일부 글루타메이트 수용체의 활성을 변화시켜 특이적 스테로이드 호르몬의 생성을 촉진한다. 이것은 차례로 해마 시냅스에서 장기상승작용을 늦춘다. 장기상승작용 기작은 기억 형성의 기반인 뉴런 사이의 정보의 시냅스 전달을 강화하는데 관여한다.

설치류를 이용한 실험 결과, 혈중 알코올 농도가 300mg/dl 정도로 높으면 장기상승작용이 억제된다는 것이 밝혀졌다. 인간의 경우 어느 정도의 알코올이 망각증을 일으킬지는 사람마다 다양할 것이다. 그러나, 많은 양을 한꺼번에 섭취한 사람들이 기억 손상을 보다 흔하게 경험하는 경향이 있다고 알려져 있다. 결론적으로, 소량의 알코올도 기억과 다른 인지 기능에 영향을 미친다는 것은 분명하다. 따라서, 알코올-유도 망각증을 피하는 효과적인 전략은 다량의 음주를 피하는 것이다.

34 상한 음식에 대한 기억

맛거부 학습(Taste aversion)은 특정 음식을 섭취한 뒤 구토 등의 부정적 경험을 하면 그 음식을 다시 먹지 못하는 현상을 말한다. 사람이나 동물이 특정 음식을 섭취한 후 아프게 되면 그 뒤에는 그 음식을 싫어하거나 회피하게 된다. <베어>(Mark Bear) 등이 집필한 '신경생물학'(2007) 내용에 따르면, 어렸을 때 대합조개 튀김을 먹고 얼마 지나지 않아 먹은 것을 모두 토한 어린이에 대한 내용이 있다. 아마도 대합조개가 상했을 것이다. 그 뒤부터 그는 대합조개 튀김을 생각하기도 싫어했으며 냄새만 맡아도 역겨움을 느꼈다고 한다. 그렇지만 다른 음식을 맛있게 먹는 데는 별다른 영향을 끼치지 않았다.

하버드 의과대학의 <가르시아>(John Garcia)는 쥐에게 단맛이 나는 액체를 먹이면서 일부 쥐에게는 통증을 유발하는 약품을 함께 제공하였다. 그 결과 통증을 유발하는 약품이 첨가된 액체를 섭취했던 쥐들은 더 이상 단맛이 나는 액체를 먹지 않았다. 또한 이러한 반응을 보인 쥐들은 단맛 자극에 대해서만 거부감을 보였으며 다른 자극에 대해서는 회피반응을 보이지 않았다. 최근의 연구 결과, 맛거부 학습은 연상 기억이 유도되기 때문이라는 사실이 밝혀지고 있다. 맛거부 학습은 오래 지속되며 일부 사람의 경우 평생 지속된다는 보고도 있다.

동물의 미각은 주위 환경에 존재하는 화학물질의 감지 기능을 가지고 있다. 특히 쓴맛은 본능적으로 거부한다. 실제로 많은 독소들이 쓴맛을 갖고 있다. 뇌가 쓴 맛 수용체(受容體)로부터 받는 주된 신호는 '나쁜 음식이니 먹지 마라'라는 경고다. 모르는 먹거리가 독성물질일 수도 있는 상황에서 동물의 맛거부 학습은 생존에 유리한 진화적 결과물이라 할 수 있다. 그러나 쓴맛이 항상 해로운 것만은 아닌데, 인류가 커피를 기호식품으로 즐기는 것이 그 예이다.

대부분의 연구자들은 고전적 조건형성의 형태로 맛거부 학습을 예로 든다. 역사적으로 볼 때 맛거부 학습은 진화생물학의 한 주제로 다루어졌다. 영국의 박물학자인 <다윈>(Charles Darwin)은 <부적합>이란 현상에 대해 혼란스러워했다. 그가 관찰한 것은, 일부 나비의 애벌레들이 주위의 포식자들에게 잡혀먹기 쉬운 밝은 색을 띠고 있다는 것이었다. 그러한 행동을 부적응 행동이라 할 수 있다. 몇 년 후 영국의 인류학자이자 박물학자인 <월리스>(Alfred Russell Wallace)는 나비 애벌레의 밝은 색은 아마도 쓴맛을 내고 독성이 있을 것이라 제안하였다. 월리스의 주장에 따르면 색깔은 독성이 있다는 표시이기 때문에 조류 같은 포식자들이 포식을 단념하도록 작용할 것이다. 후속 연구 결과 월리스의 가설이 입증되었다. 색깔이 있는 나비 애벌레를 섭식한 새는 구역질과 구토를 일으켰으며 그 후 이것을 경험한 새들과 다른 포식자들은 이 애벌레들을 피하게 되었다. 애벌레로서 이들 곤충은 식물을 먹고 살며 포식자로부터 자신을 보호하는 쓴 독성물질을 표시하는 방향으로 진화하였다.

맛거부 학습은 계통발생과 개체발생 과정에 널리 퍼져있는 것으로 확인되었다. 조건적 맛거부 학습은 달팽이, 곤충, 어류, 개구리, 불도마뱀, 도마뱀, 뱀, 조류와 포유동물에 걸쳐 관찰된다. 원생동물조차 식물 독소의 자연스런 맛인 쓴맛을 거부한다.

1960년대 중반에 맛거부 학습이 실험 심리학자들의 주목을 받았다. 그들은 특정 표지를 한 단맛 용액을 동물이 섭취하게 한 다음, 약한 독소를 함께 첨가하여 주었더니 실험동물이 회피 반응을 보였으나, 독소가 첨가되지 않은 용액에는 회피 반응을 보이지 않았다.

개를 이용한 <파블로프>(Ivan Pavlov)의 연구는 고전적 조건 부여의 유명한 예이다. <파블로프>는 매 식사 때마다 특정한 소리를 내어 개가 침을 흘리도록 훈련시켰다. 얼마 지나지 않아 개는 특정한 소리를 그들에게 식사 시간을 알리는 신호로 인식하였으며, 소리만으로도 개는 침을 흘렸다.

조건 부여 또는 훈련 받기 이전에 소리는 개에게 어떤 반응도 일으키지 않는 중립 자극(neutral stimulus)이었다. 개의 먹이는 이 경우에 비학습 반응, 또는 타액 분비라는 비조건 부여 반응을 자동적으로 격발시키는 자극이다. 조건 부여 반응이 일단 일어나면 소리의 중립 자극은 조건 부여 자극으로 전환된다. 즉 연상이 일어났다는 것을 알 수 있다. 소리는 개에게 음식물을 먹을 시간임을 의미하는 신호이고 타액을 흘리는 것은 학습 반응 또는 조건 부여 반응의 예이다.

맛거부 학습의 발견은 수십 년 전에 이루어졌다. 이것은 매우 적응적이고 다른 학습 패러다임과 비교해볼 때 매우 드문 유형이다. 맛거부 학습은 특정 음식 섭취 시 아픈 경험을 통해 그 음식을 회피하는 행동을 말한다. 이러한 회피는 고전적 조건 부여의 예로서 단 한 번의 아픈 감정을 경험해도 행동의 변화를 이끌어낼 수 있다.

식품에 대한 좋지 않은 경험에 의해 즉시 음식을 회피할 것인가에 대한 연구 결과, 음식의 섭취와 발병의 개시는 근접해서 일어나지는 않았다. 조건적 맛거부 학습은 음식을 먹는 중립 자극과 아픔을 경험하는 비조건화 자극 사이에 긴 간격이 있을 때조차도 발생하였다. 고전적 조건 부여 맛거부 학습은 단일-시도 학습의 예이다. 이전의 중립 자극과 비조건화 자극의 단 한 번의 결합이 자동 반응을 구축할 수 있다. 조건 부여 맛거부 학습은 상당히 일반적이며 며칠에서 몇 년에 걸쳐 지속될 수 있다.

맛거부 학습은 의식적 또는 무의식적으로도 일어날 수 있는가? 많은 경우, 사람들은 자신이 특정 음식을 싫어하게 된 이유를 완벽하게 알지 못한다. 특히 식품에 대한 좋지 않은 경험이 특정 식품과 연관되어 있지 않을 때조차도 이러한 맛거부 학습이 일어나는 것일까?

조건 부여 맛거부 학습은 고전적인 조건 부여의 한 예이다. 이전의 중립 자극(음식)은 불쾌감 같은 비조건부 자극과 연관되어 비조건화 반응을 유도한다. 이러한 단일 결합 후 이전의 중립 자극은 이제 조건 부여 자극이 되어 맛거부 반응을 이끌어낸다.

35 인간의 마음과 표정

우리는 종종 '눈은 마음의 창(窓)이다'라는 말을 사용한다. 또한 마흔 살 넘으면 자신의 얼굴에 책임을 져야한다는 말도 종종 듣는다. <아리스토텔레스>는 그의 저서에서 강인함과 나약함, 천재성과 우둔함 등의 기질을 나타내는 외모에 대한 일반적인 특성을 다루었다. 이것이 흔히 말하는 관상학(physiognomy)이다. 유럽에서 고전 관상학은 주로 서술적이었으나, 중세 후기에는 예언적이며 점성술적인 측면에서 연구가 전개되었다. 중국에서는 인상으로 운명을 점치는 관상술이 발달하였으며 우리나라도 그 영향이 지금까지 지속되고 있다. 이런 면에서 볼 때 동서양을 막론하고 외모, 특히 얼굴에 대한 관심은 지대하였다고 볼 수 있다.

우리는 가까운 친구가 한 마디 말도 없이 떠나버리거나 하는 상황에서 주변 사람들의 무드 또는 감각을 쉽게 파악할 수 있다. 상대방과의 대화 없이도 어떻게 우리의 뇌는 인간의 그런 마음을 알 수 있을까? 일련의 연구에 의하면, 그들의 눈을 살피는 것이 그것을 알 수 있는 강력한 방법이다. '나는 당신의 눈에서 진정성을 읽을 수 있다'. 많은 시인과 가수들이 이런 표현을 이용하였다. 과학적 탐구 결과 눈은 실제로 영혼의 창이라는 것이 밝혀졌다. 나에게 관심 없는 사람이라면 전혀 눈동자에 변화가 없다는 것을 알 수 있고 그것은 무심하다는 증거이다. 어떻게 이런 일이 가능할까?

첫 번째로 동공의 크기 변화에서 그 단서를 찾을 수 있다. 연구 결과, 정보가 어떻게 가공되는가를 반영하여 동공이 커지고 축소한다는 주장이 제기되었다. 이 연구에서, 시카고대학의 실험 심리학자인 <헤스>(Hess)와 <플롯>(Plot)은 남녀의 <반 누드화>를 남녀 참가자에게 보여준 결과, 여성 참가자는 남성을 바라보면서 동공 크기가 증가하는 반응이 나타났고, 남성 참가자도 여성을 보면서 동일한 반응을 나타냈다. 후속 연구를 통해 <헤스>와 <플롯>은 동성애 참가자는 여성이 아닌 남성 반-누드화를 보고 동공이 확대되었다.

이것은 놀라운 일이 아니다. 동공은 우리가 흥분한 상태를 반영한다. 그러나 여성의 동공은 아이를 안고 있는 엄마에 반영하여 확대되기도 한다. 동공 크기의 변화는 성적 흥분뿐만 아니라 우리가 관심 있게 바라보는 것에도 반응한다는 것을 보여준다.

김환규(金煥圭)
전북대학교 자연과학대학 생명과학과 교수
전북 순창 출생

학력
• 전주고등학교 졸업(1981)
• 전북대학교 자연과학대학 생물학과 졸업(1985)
• 전북대학교 대학원 생물학과 졸업(이학박사)(1996)
• University of California, Davis(박사후 연구원)(2006. 12.~2008. 12.)

경력
• 2002. 10. 1.~현재 전북대학교 자연과학대학 생명과학과 교수
• 2010. 12.~2012. 12. 전북대학교 교무부처장(역임)
• 2013. 9.~2015. 8. 전북대학교 자연과학대학 학장(역임)
• 2016. 9.~2018. 2. 전북대학교 자연사박물관장(역임)

저서
• Starr 생명과학(역, 월드 사이언스, 2012)
• 생명과학의 연금술(저, 전북대학교출판문화원, 2016)
• 핵심 필수생물학(역, 범문에듀케이션, 2019)

생물학 오디세이

지은이 김환규
펴낸이 김동원
펴낸곳 전북대학교출판문화원

초판 1쇄 인쇄 2020. 9. 23.
초판 1쇄 발행 2020. 9. 29.

전북대학교출판문화원 전라북도 전주시 완산구 어진길 32 (풍남동2가)
전화 (063) 219-5319~2
FAX (063) 219-5323
출판등록 2012년 8월 20일 제465-2012-000021호

값 12,000원

ISBN 979-11-6372-098-0 03400

이 도서의 국립중앙도서관 출판예정도서목록(CIP)은 서지정보유통지원시스템 홈페이지(http://seoji.nl.go.kr)와 국가자료종합목록 구축시스템(http://kolis-net.nl.go.kr)에서 이용하실 수 있습니다. (CIP제어번호 : CIP2020035614)